Rahul B. Dhabale
Vijaykumar S. Jatti

Torneamento de compósitos de matriz metálica reforçados com carboneto de silício

Rahul B. Dhabale
Vijaykumar S. Jatti

Torneamento de compósitos de matriz metálica reforçados com carboneto de silício

Torneamento de compósitos de matriz metálica à base de alumínio utilizando uma ferramenta de carboneto de tungsténio revestida.

ScienciaScripts

Imprint

Any brand names and product names mentioned in this book are subject to trademark, brand or patent protection and are trademarks or registered trademarks of their respective holders. The use of brand names, product names, common names, trade names, product descriptions etc. even without a particular marking in this work is in no way to be construed to mean that such names may be regarded as unrestricted in respect of trademark and brand protection legislation and could thus be used by anyone.

Cover image: www.ingimage.com

This book is a translation from the original published under ISBN 978-3-330-33098-6.

Publisher:
Sciencia Scripts
is a trademark of
Dodo Books Indian Ocean Ltd. and OmniScriptum S.R.L publishing group

120 High Road, East Finchley, London, N2 9ED, United Kingdom
Str. Armeneasca 28/1, office 1, Chisinau MD-2012, Republic of Moldova, Europe
Printed at: see last page
ISBN: 978-620-8-04154-0

RESUMO

O torneamento é uma das operações de maquinagem mais importantes na indústria. O processo de torneamento é influenciado por muitos factores, tais como a velocidade de corte, o avanço, a profundidade de corte, a geometria da ferramenta de corte, as condições de corte, etc. Os compósitos de matriz alumínio-metal são considerados um dos materiais mais difíceis de maquinar, uma vez que os reforços são muito mais duros do que a matriz de base. A maquinação destes materiais tornou-se um tópico de investigação muito importante. Como resultado, o método tradicional de Taguchi é frequentemente utilizado para otimizar os parâmetros do processo de um problema com uma única resposta. Este projeto de estudo centrou-se na otimização dos parâmetros do processo de torneamento, tais como a velocidade do fuso (1500 rpm, 2500 rpm), a taxa de avanço (0,1 mm/rot, 0,2 mm/rot), a profundidade de corte (0,75 mm, 1 mm) e o raio da ponta (0,4 mm, 0,8 mm) para as caraterísticas de desempenho, ou seja, a rugosidade da superfície e a taxa de remoção de material ao tornear MMC à base de alumínio com uma ferramenta de metal duro revestida. As experiências foram realizadas de acordo com a tabela ortogonal L16 de Taguchi. O método da relação sinal-ruído de Taguchi e a análise de variância foram aplicados para descobrir os principais parâmetros que afectam a rugosidade da superfície e a taxa de remoção de material. Uma revisão da literatura sobre maquinagem e o mecanismo de formação de aparas mostra que estes aspectos têm recebido relativamente pouca atenção no estudo da maquinagem. Este trabalho de projeto centra-se também na formação de aparas durante o torneamento de compósitos de alumínio-matriz metálica e no estudo da influência das condições de maquinagem e da rugosidade da superfície na geometria das aparas.

O principal objetivo deste estudo é encontrar parâmetros de processo óptimos para o torneamento de materiais compósitos de matriz metálica (MMC), a fim de melhorar a produtividade (taxa de remoção de material) e a qualidade da superfície. Com base nos resultados experimentais relativos ao mecanismo de formação de aparas na maquinagem de compósitos Al/SiC, podem ser tiradas as seguintes conclusões. A velocidades mais baixas do fuso (1500 rpm), formam-se aparas contínuas, tipo mola e em forma de C, enquanto a velocidades mais altas do fuso (2500 rpm), formam-se geralmente aparas finas segmentadas, aparas finas maiores em forma de C e aparas tabulares em forma de hélice. Com velocidades de fuso mais baixas e taxas de avanço mais elevadas, as limalhas formadas foram consideradas desfavoráveis, uma vez que os valores de rugosidade da superfície foram mais elevados. Com base nos resultados dos testes e na análise estatística, verificou-se que o refrigerante, a velocidade do fuso, a taxa de avanço, a profundidade de corte e o raio da ponta são os parâmetros de processo mais importantes que influenciam o volume da apara. Por outro lado, o refrigerante, o SiC, a velocidade do fuso, o avanço e o raio da ponta são os principais parâmetros que influenciam a rugosidade da superfície.

CAPÍTULO 1

INTRODUÇÃO

1.1 Importância do estudo

Os compósitos de matriz metálica (MMCs) são amplamente utilizados em vários domínios técnicos devido às suas propriedades excepcionais. Por conseguinte, é necessário encontrar as condições de maquinação mais adequadas para o processamento de MMCs. Os fabricantes estão a apostar na automatização como forma de aumentar a produtividade e melhorar a integridade da superfície, de modo a manterem-se competitivos no mercado internacional. No mercado de fabrico atual, a qualidade e a produtividade desempenham um papel importante. O nível de qualidade do artigo fornecido influencia a satisfação do consumidor aquando da utilização do produto. Qualquer indústria transformadora deve produzir um grande número de produtos em menos tempo, ou seja, alcançar uma maior produtividade. É também um facto que a qualidade se deteriora à medida que o tempo de fabrico diminui. Para ter em conta estes dois critérios contraditórios, é necessário verificar o nível de qualidade do produto em ambos os lados: uma boa qualidade da superfície maquinada traduz-se numa melhor resistência à fadiga, resistência à corrosão e resistência à fluência. Para obter a rugosidade desejada e melhorar a qualidade do produto, é necessário desenvolver técnicas de medição da rugosidade da superfície da peça antes da maquinagem. Por conseguinte, é evidente que a escolha correta das ferramentas de corte e dos parâmetros do processo é necessária para alcançar a qualidade de superfície desejada.

1.2 Técnicas de maquinagem

Na indústria, a remoção de aparas de metais comuns é um dos processos de fabrico mais importantes em termos de taxa de remoção de material. A remoção de aparas é definida como a remoção de aparas metálicas de uma peça de trabalho, de modo a obter um produto acabado com os parâmetros desejados, tais como tamanho, forma e acabamento superficial. Verificou-se que a utilização de equações matemáticas era necessária para determinar estratégias de otimização para a seleção das condições de corte no torneamento. A rugosidade da superfície foi identificada como um requisito técnico importante, que é também uma indicação da qualidade do produto. Uma boa rugosidade superficial melhora as propriedades tribológicas, tais como a resistência à fadiga, a resistência à corrosão e a atração estética do produto. A indústria de transformação tem de se basear em métodos tradicionais, como a utilização de informações contidas em manuais e a experiência dos operadores. O resultado é uma fraca qualidade da superfície e uma produtividade reduzida devido a uma utilização não optimizada das capacidades de maquinagem. O resultado são custos de fabrico elevados e baixa qualidade do produto. Para além da qualidade da superfície do material, a taxa de remoção de material é também um aspeto importante do torneamento, sendo sempre desejável uma elevada MRR. Por conseguinte, é necessário otimizar sistematicamente os parâmetros do processo para obter os resultados desejados, utilizando métodos experimentais e modelos estatísticos.

1.2.1 Mecânica de maquinagem

Os processos de maquinagem removem material da superfície de uma peça de trabalho através da produção de aparas. No torneamento, a ferramenta de corte é definida para uma determinada profundidade de corte (mm) e desloca-se para a esquerda à medida que a peça é rodada.

a) As principais variáveis independentes no processo de corte são as seguintes.

    1. Materiais e revestimentos para ferramentas

    2. Forma da ferramenta, acabamento da superfície e afiação

    3. Material e estado da peça

    4. Velocidade de corte, avanço e profundidade de corte

    5. Fluidos de corte

    6. Caraterísticas da máquina-ferramenta

    7. Trabalhem no Turing e corrijam-no.

b) As variáveis dependentes durante o corte são as seguintes.

    1. Tipo de chips produzidos

    2. Força e energia perdidas durante o corte

    3. Aumento da temperatura da peça, da ferramenta e da apara

    4. Desgaste e avaria de ferramentas

    5. Estado da superfície e integridade da superfície da peça de trabalho

1.3 Compósitos de matriz metálica

Atualmente, investigadores de todo o mundo concentram-se numa variedade de materiais compósitos inovadores que estão a substituir rapidamente os materiais tradicionais numa série de aplicações, incluindo a indústria automóvel, aeroespacial, a defesa, o desporto, os aparelhos eléctricos e outras indústrias. Os compósitos de matriz metálica (MMCs) têm, como o nome sugere, uma matriz metálica. Os MMCs são fabricados através da dispersão de um material de reforço numa matriz metálica. A superfície do reforço pode ser revestida para evitar qualquer reação química com a matriz. Por exemplo, as **fibras de carbono** são frequentemente utilizadas numa matriz de alumínio para produzir compósitos de alta resistência e baixa densidade. No entanto, o carbono reage com o alumínio para formar um composto Al4C2 frágil e solúvel em água na superfície das fibras. Para evitar esta reação, as fibras de carbono são revestidas com níquel ou **boreto de titânio**. A matriz é o material **monolítico** e é totalmente penetrada. Isto significa que existe um caminho através da matriz para qualquer ponto do material, ao contrário do que acontece com dois materiais que estão colados uns aos outros. Em aplicações estruturais, estas matrizes são utilizadas em materiais compósitos como o alumínio, o magnésio e o titânio. O material de reforço é incorporado numa matriz. As partículas de reforço mais comuns são o óxido de alumínio e o carboneto de silício. As fibras típicas incluem o carbono e o carboneto de silício. Os metais são reforçados principalmente para adaptar as suas propriedades aos requisitos de construção. Por exemplo, a rigidez elástica e a resistência dos metais podem ser aumentadas e os elevados coeficientes de expansão térmica e as condutividades térmica e eléctrica dos metais podem ser reduzidas através da adição de fibras como o carboneto de silício.

1.3.1 Processo de fabrico de MMC

Os métodos de fabrico de MMCs podem ser modificados. Existem dois métodos principais para os compósitos de matriz metálica. Um é o fabrico de compósitos de matriz metálica no estado sólido, o outro é o fabrico de compósitos de matriz metálica no estado líquido.

Fabrico de MMC no estado sólido

Os compósitos de matriz metálica no estado sólido (SSMC) são um processo que produz compósitos de matriz metálica através da combinação da matriz metálica e da fase dispersa por difusão mútua no estado sólido a alta temperatura e baixa pressão. A baixa temperatura a que são produzidos os compósitos de matriz metálica no estado sólido (em comparação com os compósitos de matriz metálica no estado líquido) elimina reacções indesejáveis na interface entre a matriz e a fase dispersa (reforço). Os compósitos de matriz metálica também podem ser deformados após a sinterização por laminagem, forjamento, prensagem, estiramento e extrusão. A deformação pode ser efectuada quer a frio quer a quente. A moldagem de materiais compósitos sinterizados com uma fase dispersa sob a forma de fibras curtas conduz a uma orientação preferencial das fibras e a uma anisotropia nas propriedades do material.

Fabrico de MMC no estado líquido

No fabrico de compósitos de matriz metálica no estado líquido, uma fase dispersa é introduzida numa matriz metálica fundida, que depois solidifica. Para obter um elevado nível de propriedades mecânicas no material compósito, deve ser alcançada uma boa ligação interfacial (molhagem) entre a fase dispersa e a matriz líquida. A humidade pode ser melhorada através do revestimento das partículas da fase dispersa. Um revestimento adequado não só reduz a energia interfacial, como também evita interações químicas entre a fase dispersa e a matriz. Os seguintes métodos são utilizados para produzir MMCs no estado líquido.

a) Agitação de afundamento

b) Infiltração

c) Infiltração de gás sob pressão

d) Infiltração por squeeze casting

e) Almofada de impressão por infiltração

a) Processo de fundição por agitação

A fundição por agitação é um método de fabrico de compósitos no estado líquido em que uma fase dispersa (partículas de cerâmica) é misturada com uma matriz metálica fundida por agitação mecânica. A fundição por agitação é o método mais simples e mais económico de fabrico de compósitos no estado líquido. O material compósito líquido é então fundido utilizando processos de fundição tradicionais e pode também ser processado utilizando tecnologias convencionais de formação de metal.

b) Infiltração

A infiltração é um processo de fabrico de materiais compósitos no estado líquido em que uma fase dispersa pré-formada (partículas cerâmicas, fibras, tecidos) é impregnada com uma matriz metálica fundida que preenche o espaço entre as inclusões da fase dispersa. A força motriz de um processo de infiltração pode ser a força capilar da fase dispersa (infiltração espontânea) ou uma pressão externa (gasosa, mecânica, electromagnética, centrífuga ou ultra-sónica) exercida sobre a fase líquida da matriz, também conhecida como infiltração forçada. A infiltração é um dos métodos utilizados para o fabrico de compósitos de tungsténio-cobre.

c) Infiltração de gás sob pressão

A infiltração por pressão de gás é um processo de infiltração forçada para a produção de compósitos de matriz metálica na fase líquida, no qual é utilizado um gás pressurizado para exercer pressão sobre o metal fundido e forçá-lo a entrar numa fase dispersa pré-formada. O método de infiltração por pressão de gás é utilizado para o fabrico de grandes peças compósitas. Este processo permite a utilização de fibras não revestidas devido ao curto tempo de contacto das fibras com o metal quente. Ao contrário de outros métodos, a infiltração por pressão de gás causa poucos danos às fibras.

d) Infiltração por squeeze casting

O squeeze-casting é também um processo de infiltração forçada para a produção de compósitos de matriz metálica em fase líquida, em que um membro móvel do molde (punção) é utilizado para exercer pressão sobre o metal fundido e forçá-lo a entrar numa fase dispersa expandida, que se encontra no membro fixo inferior do molde. O processo de infiltração squeeze-casting é semelhante à técnica squeeze-casting utilizada para a fundição de ligas metálicas.

e) Almofada de impressão por infiltração

A infiltração por pressão é outro método de infiltração forçada para a produção de compósitos de matriz metálica na fase líquida. Envolve a colocação de uma fase dispersa pré-formada (partículas, fibras) num molde, que é então preenchido com um metal fundido que entra no molde através de um jito e é forçado a entrar no molde sob a pressão de um pistão em movimento.

1.3.2 Aplicações

a) Espaço

O Space Shuttle utiliza tubos de boro/alumínio para suportar a estrutura da fuselagem. O boro/alumínio não só reduz a massa do Space Shuttle em mais de 145 kg, como também reduz os requisitos de isolamento térmico devido à sua baixa condutividade térmica. O alumínio reforçado com carbono é utilizado para o mastro do telescópio Hubble.

b) Militar

Os componentes de precisão para sistemas de direção de foguetões devem ser dimensionalmente estáveis, ou seja, as geometrias dos componentes não devem mudar durante a utilização. Os compósitos de matriz metálica, como os compósitos de SiC/alumínio, satisfazem este requisito, uma vez que têm uma elevada resistência ao escoamento. Além disso, é possível variar a fração volumétrica de SiC para obter um coeficiente de expansão térmica compatível com as outras partes do conjunto do sistema.

c) Transporte

Os compósitos de matriz metálica são atualmente utilizados em motores de automóveis porque são mais leves do que os seus equivalentes metálicos. Devido à sua elevada resistência e leveza, os compósitos de matriz metálica são também o material de eleição para motores de turbina a gás.

1.3.3 Vantagens da MMC

1. Os compósitos de matriz metálica são utilizados principalmente para obter vantagens em relação aos metais monolíticos, como o aço e o alumínio. Estas vantagens incluem uma maior resistência e módulo específicos devido ao reforço com metais de baixa densidade, como o alumínio e o titânio, um menor coeficiente de expansão térmica devido ao reforço com fibras de baixo coeficiente de expansão térmica, como a grafite, e a retenção de propriedades como a resistência a temperaturas mais elevadas.

2. vantagens sobre os compósitos de matriz polimérica: estas incluem propriedades elásticas superiores, temperaturas de funcionamento mais elevadas, insensibilidade à humidade, maior condutividade eléctrica e térmica e melhor resistência ao desgaste, à fadiga e à fissuração.

3. Melhor resistência à temperatura.

4. Sem absorção de humidade.

5. Maior condutividade eléctrica e térmica.

6. Resistência ao fogo.

7. Maior rigidez e resistência transversal.

1.3.4 Desvantagens da MMC

1. Custo mais elevado de certos materiais.

2. As desvantagens da MMC em comparação com a PMC incluem temperaturas de processamento mais elevadas e densidades mais elevadas.

1.4 Modelação matemática

Um modelo matemático é uma descrição de um sistema que utiliza conceitos e linguagem matemáticos. O processo de desenvolvimento de um modelo matemático é designado por modelação matemática. Os modelos matemáticos são utilizados não só nas ciências naturais (por exemplo, física, biologia, ciências da terra, meteorologia) e na engenharia (por exemplo, ciências da computação, inteligência artificial), mas também nas ciências sociais (por exemplo, economia, psicologia, sociologia e ciência política); físicos, engenheiros, estatísticos, analistas de investigação operacional e economistas recorrem amplamente a modelos matemáticos. Um modelo pode ajudar a explicar as propriedades de um sistema, estudar os efeitos de diferentes componentes e fazer previsões sobre o seu comportamento. Os modelos matemáticos podem assumir muitas formas, incluindo, mas não se limitando a, sistemas dinâmicos, modelos estatísticos, equações diferenciais ou modelos de teoria dos jogos. Estes e outros tipos de modelos podem sobrepor-se, podendo um determinado modelo englobar uma multiplicidade de estruturas abstractas. Em geral, os modelos matemáticos podem também incluir modelos lógicos, desde que a lógica seja considerada parte da matemática. Em muitos casos, a qualidade de um domínio científico depende da correspondência entre os modelos matemáticos desenvolvidos a nível teórico e os resultados de experiências repetíveis. A falta de concordância entre os modelos matemáticos teóricos e as medições experimentais conduz frequentemente a progressos significativos, na medida em que são desenvolvidas melhores teorias.

CAPÍTULO 2
REVISÃO DA LITERATURA

Muitos investigadores debruçaram-se sobre este estudo. Esta literatura foi dividida em quatro categorias, como se segue. A primeira baseia-se na abordagem de Taguchi, a segunda nos materiais de matriz metálica, a terceira nos materiais reforçados e a última na formação de aparas.

2.1 Revisão da literatura sobre otimização de parâmetros de máquinas utilizando a abordagem de Taguchi

Wang e Lan (2008) consideraram uma matriz ortogonal do método Taguchi em combinação com a análise relacional cinzenta, utilizando quatro parâmetros como a velocidade do fuso, a profundidade de corte, a taxa de avanço, o raio da ponta, etc., para otimizar três respostas: rugosidade da superfície, desgaste da ferramenta e taxa de remoção de material no torneamento de precisão num torno CNC. O software MINITAB foi estudado para analisar o efeito médio da relação sinal/ruído (S/N), a fim de obter caraterísticas multi-objetivo. Este estudo não só propôs uma abordagem de otimização com disposição ortogonal e análise relacional cinzenta, como também contribuiu para uma técnica satisfatória de melhoria do desempenho multiobjectivo no torneamento de precisão CNC.

Sahoo et al (2008) investigaram a otimização das combinações de parâmetros de maquinagem, centrando-se nas propriedades fractais do perfil de superfície gerado pelo torneamento CNC. $_2$O autor utilizou o desenho ortogonal L 7 de Taguchi com os parâmetros de maquinagem velocidade do fuso, velocidade de avanço e profundidade de corte para três materiais diferentes da peça, nomeadamente alumínio, aço macio e latão. Verificou-se que o avanço tinha uma maior influência na qualidade da superfície do que os outros três materiais. No caso do aço não ligado e do alumínio, verificou-se que a velocidade de avanço tinha alguma influência, enquanto no caso do latão, a profundidade de corte tinha alguma influência na qualidade da superfície.

Sharma e Pal estudaram a otimização dos parâmetros do processo que têm impacto na dureza da peça utilizando o método de otimização paramétrica de Taguchi. Neste trabalho, estudaram a relação entre a dureza da peça de trabalho, causada pelo processo de torneamento na superfície do material, e os parâmetros da máquina, como a velocidade do fuso, a taxa de avanço e a profundidade de corte, utilizando o metal duro como material da ferramenta. A dureza após o torneamento também foi medida usando a escala Rockwell. Estes dados experimentais são analisados utilizando a relação sinal/ruído (S/N). Para o efeito, foi utilizado o método Taguchi.

Sharma e Sharma (2012) utilizaram o método avançado de Taguchi juntamente com um estudo de caso no torneamento reto de aço estrutural com ferramentas HSS para otimizar os parâmetros do processo. O principal objetivo do estudo é avaliar o melhor ambiente de processo que satisfaça simultaneamente os requisitos de qualidade e produtividade, com destaque para a redução do desgaste do flanco da ferramenta de corte, uma vez que a redução do desgaste do flanco aumenta a vida útil da ferramenta.

Haron e Ghani (2008) investigaram a utilização da metodologia Taguchi na otimização dos parâmetros do processo de torneamento para a rugosidade da superfície. Neste trabalho, a metodologia de otimização de Taguchi é utilizada para otimizar os parâmetros de corte do torneamento. Foram obtidas folgas extra-baixas com ferramentas de metal duro revestidas e não revestidas em condições secas e a alta velocidade de corte. Os parâmetros do processo de torneamento encontrados foram a velocidade de corte, a taxa de avanço e a profundidade de corte. Após análise com o MINITAB, a combinação óptima de parâmetros como a velocidade de corte e a taxa de avanço é observada a um nível ótimo.

Kazancoglu e Ozgun trabalharam na otimização multi-objetivo das forças de corte no torneamento utilizando o método Taguchi baseado na análise cinzenta. Este estudo investiga a otimização multicritério do processo de torneamento para uma combinação óptima de forças de corte mínimas e rugosidade superficial com MRR mínimo, combinando a análise relacional cinzenta e o método Taguchi. A função objetivo foi escolhida com base em parâmetros como a rugosidade da superfície, as forças de corte e a taxa de remoção de material. A análise das relações cinzentas pode ser utilizada para resolver o problema de otimização de respostas múltiplas. A ANOVA avalia os factores significativos nas caraterísticas de qualidade do processo de corte. Uma análise de relações cinzentas da MRR, da força de corte e da rugosidade da superfície, obtida a partir do método de Taguchi, reduz estas caraterísticas de desempenho múltiplo a caraterísticas de desempenho único. Esta otimização do processo pode ser muito simplificada pelo método de Taguchi baseado em cinzentos. Foi também demonstrado que as caraterísticas de desempenho do torneamento, como a rugosidade da superfície, a taxa de remoção de material e as forças de corte, são significativamente melhoradas pela aplicação deste método.

Aruna e Dhanalakshmi (2012) estudaram a otimização dos parâmetros de corte no torneamento de Inconel 718 com pastilhas de Cermet. A otimização do processo de torneamento é muito útil para reduzir os custos e o tempo de máquina. A abordagem baseia-se no RSM e tem em conta a velocidade de corte, a taxa de avanço e a profundidade de corte como parâmetros de corte. Os modelos matemáticos desenvolvidos são utilizados para determinar os parâmetros óptimos da máquina. Estes parâmetros são depois validados experimentalmente. Dos parâmetros selecionados, a velocidade de corte tem a maior influência na rugosidade da superfície. Verificou-se também que a rugosidade da superfície pode ser controlada na fase de projeto, que é o método mais eficiente e económico.

Mahadavinejad e Bidgoli (2009) estudaram a otimização dos parâmetros de rugosidade da superfície no estado seco. Neste estudo, o sistema neural adaptativo inteligente fuzzy é utilizado para prever a rugosidade da superfície no torneamento a seco. Depois de criar o modelo de previsão com alguns dados e de os processar utilizando redes neuronais, foram efectuados alguns testes para avaliar o desempenho do modelo. Serão efectuadas mais experiências e os resultados serão comparados. O método de geração de cavacos muda de descritivo para contínuo, e à medida que a velocidade de corte aumenta, o número de cavacos diminui.

Basha e Muthuprakash (2013) investigaram a otimização dos parâmetros do processo de torneamento CNC para alumínio 6061 utilizando algoritmos genéticos. Também mostra o efeito dos parâmetros do processo considerando a profundidade de corte, a velocidade de avanço e a velocidade do fuso. O principal objetivo deste trabalho é a previsão da rugosidade da superfície. O alumínio 6061 é considerado. A maquinagem é efectuada com uma ferramenta de metal duro revestida. É desenvolvido um modelo matemático de segunda ordem utilizando a técnica de regressão Box-Behnken da Metodologia de Superfície de Resposta (RSM) no Design Expert 8.0 e a otimização é realizada utilizando um algoritmo genético no Matlab 8.0. Este estudo apresenta a aplicação do algoritmo genético para encontrar a solução óptima para as condições de corte.

2.2 Pesquisa bibliográfica baseada em material de matriz metálica

Sahoo (2011) investigou a otimização dos parâmetros do processo utilizando um algoritmo genético. As experiências foram realizadas em aço estrutural AISI 1040. Parâmetros como a profundidade de corte, a velocidade do fuso e a taxa de avanço foram considerados como variáveis independentes, e diferentes valores de rugosidade e distâncias médias entre as pontas das linhas como variáveis de feedback.

Hamzehlovria e Laine (2010) aplicaram a otimização de Taguchi aos efeitos do avanço de maquinagem sobre a rugosidade superficial no corte de alumínio 6061. Este trabalho permite obter uma especificação da rugosidade superficial para reduzir o tempo de fabrico de componentes automóveis através da modificação das taxas de avanço. Destaca também o contexto e a atratividade do alumínio como material leve para a indústria automóvel. São discutidos os factores que afectam a rugosidade da superfície e as técnicas práticas para melhorar a rugosidade da superfície através da otimização dos parâmetros de maquinagem, e uma experiência de fresagem controlada mostra a relação entre a taxa de avanço e a velocidade. Para o alumínio 6061, os resultados são utilizados na maquinagem prática para reduzir o tempo de ciclo, mantendo os requisitos de qualidade. O artigo também apresenta o alumínio como um material versátil e atrativo que é leve e oferece um potencial considerável de redução de custos. Em última análise, estes resultados conduziram a melhorias na qualidade da superfície e na produtividade.

Rao e Narayana (2011) estudaram a aplicação da abordagem de Taguchi e o conceito de utilidade na resolução do problema multiobjectivo do torneamento do aço inoxidável austenítico AISI 202. Para o efeito, foi desenvolvido um modelo baseado na abordagem de Taguchi e no conceito de utilidade. Um modelo de otimização de respostas múltiplas baseado na abordagem de Taguchi e no conceito de utilidade é utilizado para otimizar os parâmetros do processo, tais como a velocidade do fuso, a taxa de avanço e a profundidade de corte. A análise dos resultados experimentais mostrou que a combinação de valores mais elevados para a velocidade de corte, a profundidade de corte e o raio da ponta e valores mais baixos para o SR com base na análise ANOVA e no teste F. Os parâmetros de processo estatisticamente mais significativos para o desempenho múltiplo foram a profundidade de corte, a velocidade do fuso e a taxa de avanço. Por outro lado, a taxa de alimentação e o raio da ponta foram menos eficazes. Também concluímos que este modelo é simples e útil, e oferece uma solução adequada.

2.3 Pesquisa bibliográfica sobre materiais de reforço

Singh e Chawla (2009) trabalharam no desenvolvimento de materiais compósitos à base de carboneto de silício, partículas e uma matriz metálica de alumínio. Neste trabalho, tentaram desenvolver MMCs à base de carboneto de silício e partículas de alumínio com o objetivo de desenvolver um método convencional e de baixo custo de fabrico de MMCs e de obter uma dispersão homogénea do material cerâmico. Para atingir este objetivo, foi utilizado o processo de mistura em duas fases da técnica de fundição por agitação, seguido de uma análise das propriedades. O alumínio (98,41% P.C.) e o SiC (tamanho de grão 320) foram escolhidos como materiais de matriz e reforço, respetivamente. As experiências também foram efectuadas variando a percentagem em peso de SiC (5%, 10%, 15%, 20%, 25% e 30%), com todos os outros parâmetros mantidos constantes. Os resultados mostraram que o "método" desenvolvido foi bastante eficaz na obtenção de uma dispersão uniforme do reforço na matriz. Foi observada uma tendência crescente na dureza e na resistência ao impacto à medida que a proporção de SiC aumentava.

2.4 Revisão da literatura sobre a formação de aparas

Radhika e Sajith (2013) estudaram a análise da formação de aparas durante a maquinagem de materiais compósitos híbridos de alumínio. Este trabalho também se centra na análise da formação de aparas durante o torneamento de materiais compósitos de matriz metálica híbridos de alumínio/alumina/grafite e no estudo da influência das condições de maquinagem, da rugosidade da superfície e do desgaste da ferramenta na geometria das aparas. A ferramenta de corte utilizada neste estudo foi uma pastilha de metal duro sem revestimento. A rugosidade da superfície foi medida e os resultados observados para diferentes condições de maquinagem. Com base no valor da rugosidade da superfície, as limalhas foram classificadas em limalhas favoráveis e desfavoráveis.

Said e Wan (2013) investigaram a formação de aparas na maquinagem de materiais compósitos de matriz metálica (MMC) de Al-SiC/AlN com uma ferramenta de metal duro sem revestimento. Este estudo centra-se nos efeitos dos parâmetros de corte na morfologia e microestrutura da apara. O MMC Al-SiC/AlN, reforçado com partículas de nitreto de alumínio (AlN), é um material de nova geração adequado para o fabrico de componentes automóveis e aeroespaciais devido às suas propriedades vantajosas: baixa densidade, baixo peso, alta resistência, alta dureza e alta rigidez. O processo de fresagem foi efectuado por corte a seco, utilizando a aresta não revestida da ferramenta de metal duro com 10% de partículas de AlN para produzir o material compósito. Foram utilizadas velocidades de corte de 250 m/min e 450 m/min como parâmetros de maquinação, enquanto a velocidade de avanço e a profundidade de corte foram mantidas constantes a 0,15 mm/dente e 0,3 mm, respetivamente. A formação de aparas foi analisada utilizando o microscópio de vídeo somático SV-35 e um microscópio eletrónico de varrimento (SEM). As observações no MEV mostram que o elemento Mondsiche foi fabricado. A morfologia e a microestrutura da pastilha produzida são influenciadas pelo tipo de modificação da forma por cisalhamento na zona principal de modificação da forma.

Shetty e Kamath (2008) efectuaram um estudo experimental e analítico sobre o mecanismo de formação de aparas durante a maquinagem DRAC. Neste artigo, discutimos o trabalho experimental e a análise de elementos finitos para estudar o mecanismo de formação de aparas durante a maquinagem DRAC. Este trabalho centra-se na compreensão da influência de diferentes parâmetros de corte no mecanismo de maquinagem. Para o efeito, foram utilizadas aparas geradas experimentalmente e por modelação de elementos finitos durante a maquinagem ortogonal de DRACs.

Astakhav e Osman (1996) estudaram a classificação da estrutura da apara com base na mecânica da formação da apara. Este artigo apresenta a formação geral de aparas durante a maquinagem de metais. Centra-se nas propriedades mecânicas da peça de trabalho. É proposta uma nova classificação da estrutura da apara, de acordo com a qual se distinguem sete estruturas de apara diferentes. Estas são a apara regular, a apara irregular, a apara fragmentária contínua, a apara fragmentária contínua com textura em forma de cunha, a tensão e o alongamento da apara como resultado da dinâmica da formação da apara. A metodologia apresentada neste trabalho fornece um meio prático de prever a resistência à fratura da apara. O resultado deste estudo dá ao projetista de ferramentas, ao tecnólogo ou mesmo ao encarregado uma ideia clara do tipo de quebra-cavacos a utilizar para determinadas condições de maquinagem.

Mahanama e Mavahhedy (2012) investigaram a aplicação da simulação de elementos finitos da formação de aparas à análise da estabilidade durante o corte ortogonal. Neste trabalho, a simulação por elementos finitos do processo de formação de aparas é combinada com a simulação da dinâmica de vibração e é investigada a inter-relação entre o processo de formação de aparas e o fenómeno de vibração. É utilizada uma técnica de ajuste de malha para simular a formação de aparas numa análise de elementos finitos elastoplásticos com efeitos dinâmicos e contacto por fricção. A modelação combinada prevê o início do amortecimento do processo a baixas velocidades de corte, o que outros modelos são geralmente incapazes de prever.

Dirikolua e Maekawac (2001) estudaram a simulação por elementos finitos do fluxo de aparas na maquinagem de metais. Neste trabalho, a robustez desta hipótese é investigada examinando a sensibilidade da simulação a alterações de pormenores no método ICM, como a evolução do fluxo, e comparando resultados simulados com experiências. As experiências envolvem o torneamento de três aços de corte livre para os quais estão disponíveis alterações experimentais na tensão de escoamento em função do alongamento, da taxa de deformação e da temperatura, juntamente com informações sobre a interação de fricção entre a apara e a ferramenta. As modificações ao método de simulação aqui consideradas dizem respeito à estrutura da malha de elementos finitos, às medições efectuadas para avaliar quando o escoamento está totalmente desenvolvido, à forma como a apara se separa da peça de trabalho na aresta de corte e às leis de atrito utilizadas para aproximar o escoamento totalmente desenvolvido. Demonstra-se que estes factores influenciam os resultados da simulação, mas apenas em pequena escala nas áreas estudadas, e obtém-se uma boa concordância com a experiência.

Os estudos **de Uday e Suhas (2009)** também concluíram que a taxa de alimentação também é um fator importante no mecanismo de formação de aparas. Com taxas de avanço mais elevadas, o número de ondulações de aparas encontrado é maior do que com taxas de avanço mais baixas. Isto pode ser explicado pelo maior volume de deformação e pelo maior comprimento de contacto entre a ferramenta e a apara. Isto aumenta a temperatura de maquinagem e, por conseguinte, a ductilidade, e o número de ondulações de aparas aumenta. No entanto, a uma taxa de avanço inferior, a área da secção transversal da apara é muito pequena, produzindo apara em forma de flocos, agulhas, segmentada e frisada com raios pequenos.

2.5 Definição do problema

Ajuste ótimo dos parâmetros do processo de torneamento de compósitos de matriz metálica (MMC) para melhorar a produtividade em termos de taxa de remoção de material (MRR) e qualidade da superfície.

2.6 Objectivos

1. Síntese de compósitos de matriz metálica reforçados com 3% e 6% de SiC e alumínio puro.
2. Torneamento de MMC variando a velocidade de rotação, a taxa de avanço, a profundidade de corte e o raio de ponta com ou sem líquido de refrigeração.
3. As experiências são efectuadas utilizando a disposição ortogonal de Taguchi.
4. Modelação matemática através de modelos de regressão linear múltipla.
5. Otimização mono-objetivo e multi-objetivo de indicadores de desempenho utilizando algoritmos genéticos.

CAPÍTULO 3

PORMENORES EXPERIMENTAIS

3.1 Material da matriz

Neste trabalho de projeto, o alumínio 6061-T6 é utilizado como material de matriz. O Al-6061 é uma liga de alumínio endurecida muito utilizada na indústria, que contém importantes elementos de liga como o silício e o magnésio. É atualmente designada por "liga 61", apesar de o Al-6061 ter sido fabricado em 1935. Possui óptimas propriedades mecânicas e boa soldabilidade. Para fins gerais, é uma das ligas de alumínio mais comuns.

Depois do oxigénio e do silício, o alumínio é a terceira partícula mais comum e o metal mais abundante na crosta terrestre. O alumínio extraído representa 8% em peso da superfície sólida total da Terra. É também um metal recorrente, notável pelo seu fluxo de densidade e, devido ao fenómeno de passivação, pela sua capacidade de resistir à corrosão. O alumínio é mais frequentemente utilizado no fabrico de componentes estruturais, e as ligas de alumínio são principalmente utilizadas nas indústrias aeroespacial e dos transportes, onde a leveza e os materiais estruturais são essenciais. O alumínio tem propriedades relativas de leveza, ductilidade, flexibilidade, durabilidade e maleabilidade, que são cerca de um terço da densidade e rigidez do aço. É fácil de moldar, esticar, extrudir e maquinar. O alumínio tem 59% da condutividade do cobre, tanto térmica como eléctrica, porque é um bom condutor elétrico e térmico. O alumínio é um supercondutor capaz. A sua resistência à corrosão é excelente devido a uma fina camada superficial de óxido de alumínio que se forma quando o metal é exposto ao ar e que impede efetivamente a oxidação posterior.

O alumínio é o metal não ferroso mais utilizado. Em 2005, foram produzidas cerca de 31,9 milhões de toneladas de alumínio em todo o mundo. Este valor excede a produção de todos os outros metais de que se espera o ferro. O Al-6061, que é mais frequentemente utilizado na construção de naves espaciais, como asas e fuselagens, é também mais frequentemente utilizado em aviões caseiros, militares e comerciais. O alumínio tem a seguinte composição química

- Partículas de silício como 0,4% - 0,8% em peso

- ferro, o que representa 0,70

- Cobre 0,15% - 0,40

- O manganês representa 0,15%.

- Magnésio numa proporção de 0,8% a 1,2%.
- partículas de crómio de 0,   04% a 0 ,35
- zinco (0,25%)
- O titânio é de 0,15%.
- Outros elementos não mais do que 0,05% por peça, 0,15% no total
- Aluminiumbasisbereich95,85%-98,56%

3.2 Material de reforço

O material de reforço está disperso num material de matriz. As partículas de reforço mais comummente utilizadas são o óxido de alumínio e o carboneto de silício. As fibras típicas incluem o carbono e o carboneto de silício. Para determinados requisitos de conceção, os metais são principalmente reforçados com o material da matriz para melhorar ou reduzir as suas propriedades. Por exemplo, as fibras como o carboneto de silício são adicionadas para aumentar a rigidez elástica e a resistência do metal. Também é possível reduzir os elevados coeficientes de expansão térmica e as condutividades térmica e eléctrica dos metais. Neste projeto, o carboneto de silício foi utilizado como partícula de reforço. As partículas de silício foram adicionadas à matriz de alumínio em proporções de 3% e 6%.

3.3 Processo de fabrico de MMC

O processo de fabrico de compósitos de matriz metálica tem sido variado. Neste estudo, utilizámos o processo de fundição por agitação, que é um processo de fabrico de base líquida para a produção de compósitos de matriz metálica. O processo de fundição por agitação é utilizado para o fabrico de peças compósitas de boro/alumínio/carboneto de silício. Os compósitos de matriz metálica à base de alumínio estudados neste trabalho de investigação consistem numa liga de alumínio 6061 reforçada com partículas de carboneto de silício (SiC) de 3 e 6% em peso (ver Quadro 1). Utilizando este processo de fundição por agitação, obtivemos oito barras cilíndricas durante a fundição. Como se pode ver na figura, a liga de alumínio foi aquecida a 750°C num forno de cadinho revestido a grafite. As diferentes partículas de material, como o alumínio e o carboneto de silício, são misturadas no recipiente do forno e aquecidas a uma temperatura elevada. A vareta de agitação é rodada continuamente por um motor elétrico e a mistura pré-aquecida é adicionada à massa fundida e misturada. Além disso, é adicionado 1% em peso de pó de boro à mistura do cadinho para aumentar a capacidade de peso.

Reforço. A mistura foi agitada durante três a cinco minutos com um agitador a uma velocidade de 250 rpm. Foi preparado um molde de areia verde com as dimensões e tolerâncias desejadas e pré-aquecido durante 2 minutos utilizando um aquecedor de chama para remover a humidade. A massa fundida líquida foi introduzida no molde e deixada a solidificar. Uma vez solidificadas, as peças foram arrefecidas ao ar, armazenadas durante três horas e depois retiradas do molde. Finalmente, obtivemos os compósitos de matriz metálica em forma cilíndrica, como se mostra na Figura 2.

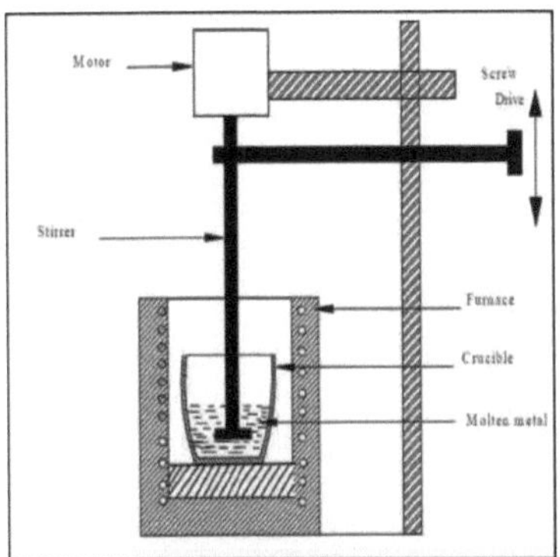
Fig.3.1 Processo de fundição por agitação

Fig.3.2 Moldagem de MMCs

Quadro 3.1 Informações sobre a composição do material compósito

Matriz	Reforço	Percentagem em peso de SiC (%)	Forma	Tamanho
Base em Al 6061	SiC	3	Haste cilíndrica	φ15 mm x 50mm
Base em Al 6061	SiC	6	Haste cilíndrica	φ15 mm x 50mm

3.4 Máquinas-ferramentas

As experiências foram efectuadas num torno CNC HAAS modelo Hi Cut Machine Tool Industries (ver Figura 3), que tem 8 velocidades de rotação variáveis. O ensaio do material é efectuado numa peça cilíndrica com 50 mm de comprimento e 15 mm de diâmetro, com uma pastilha de metal duro e um porta-ferramentas com revestimento de tungsténio (SDJCL 2020K 11; pastilha - DCMT 11T3 08-PM e DCMT 11T3 04-UM) (ver Figura 4). Foi efectuado um furo central numa das superfícies laterais da peça para apoiar o cabeçote móvel. Nas superfícies da peça, foram removidos 0,2 mm da camada superior da peça durante o ensaio efetivo para eliminar defeitos de superfície e nivelamento. Oito peças idênticas de 15 mm foram marcadas na peça. O material utilizado para a peça é MMC à base de alumínio.

Fig. 3.3 Torno CNC convencional

Fig. 3.4 Suporte da ferramenta de corte e pastilha

3.5 Experiências de planeamento

O projeto de experiências é uma das abordagens sistemáticas. Para realizar experiências e recolher e analisar dados experimentais com uma utilização quase optimizada dos recursos, a Metodologia de Superfície de Resposta (RSM) e as técnicas de Taguchi têm sido as mais utilizadas para prever a taxa de remoção de material e a rugosidade da superfície em função dos parâmetros de maquinagem. Neste estudo, foi utilizado o desenho de experiências de Taguchi para recolher dados sobre a taxa de remoção de material e a rugosidade da superfície em operações de torneamento. Devido ao grande número de parâmetros de entrada, optámos pelo método de Taguchi. O método de Taguchi utiliza normalmente a equação de regressão linear múltipla.

$$Y(x) = \beta_0 + \beta_1 x_1 + \beta_2 x_2 + \beta_3 x_3 + \beta_4 x_4 + e \qquad (1)$$

3.5.1O processo de rotação

O torneamento consiste na remoção de metal das superfícies exteriores de uma peça cilíndrica em rotação. Em geral, o torneamento é utilizado para extrair o diâmetro da peça. O torneamento também permite obter uma determinada dimensão e criar uma superfície lisa no material. O torneamento é a operação de maquinagem através da qual são fabricadas peças cilíndricas. Na Figura 3.5, podemos ver que durante a maquinagem, enquanto a peça está a rodar continuamente com as superfícies exteriores, uma única ferramenta de corte remove a superfície exterior da peça com a sua velocidade de avanço paralela ao eixo da peça e a uma determinada distância.

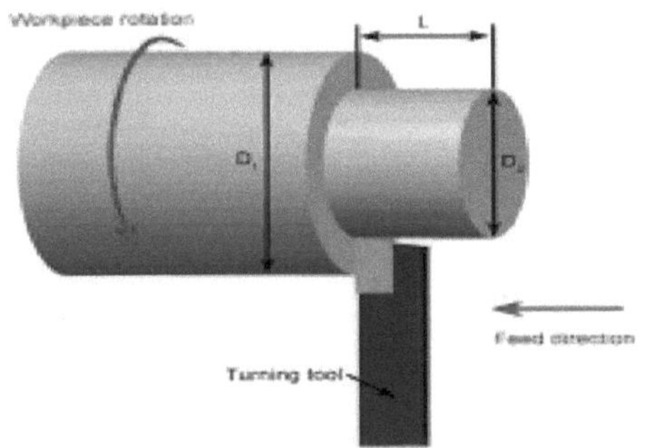

Fig. 3.5Tornear

A velocidade de avanço, a profundidade de corte, a velocidade do fuso e o raio da ponta são os quatro principais factores necessários para o torneamento básico. Outros factores, como o tipo de material e o tipo de ferramenta, também têm uma grande influência, mas estes quatro parâmetros básicos podem ser modificados ajustando os controlos no lado direito da máquina.

A velocidade de rotação refere-se sempre ao fuso e à peça de trabalho. Quando expressa em rotações por minuto (rpm), indica a sua velocidade de rotação. Mas a velocidade de avanço ou velocidade de superfície ou velocidade é importante para qualquer processo de torneamento em que o material da peça de trabalho se move para além da ferramenta de corte. É simplesmente o material a rodar à velocidade vezes a peça de trabalho antes de o corte ser iniciado. É expressa em metros por minuto (m/min) e refere-se apenas à peça de trabalho.

$$V = \frac{\pi DN}{1000}$$

(2)

Sendo Vis a velocidade de rotação em m/s, D o diâmetro da peça antes da maquinagem em mm e N a velocidade de rotação do fuso da peça em rpm durante o processo de torneamento.

O avanço refere-se sempre à ferramenta de corte e corresponde à velocidade com que a ferramenta se desloca no seu percurso de corte. O avanço está diretamente ligado à velocidade do mandril e é expresso em mm por rotação (do mandril).

$$F_m = F*N \qquad (3)$$

Sendo Fm o avanço em mm por minuto, Fis o avanço em mm/rev e N a velocidade do fuso em rpm.

A profundidade de corte é a espessura da camada que é reduzida durante uma única passagem da ferramenta de corte ao longo da peça de trabalho, ou, por outras palavras, a distância entre a superfície superior da peça de trabalho e a superfície de corte, e a profundidade de corte é expressa em mm. É importante notar que, devido à forma cilíndrica, a camada é reduzida em ambos os lados da peça de trabalho, de modo que o diâmetro da peça de trabalho é o dobro da profundidade de corte.

$$d_{cut} = \frac{D-d}{2} \qquad (4)$$

D e d representam os diâmetros inicial e final (em mm) do controlo, respetivamente.

As formas e geometrias das ferramentas de corte foram escolhidas principalmente com base nas propriedades dos materiais da ferramenta e da peça de trabalho, como mostra a Figura 3.6.

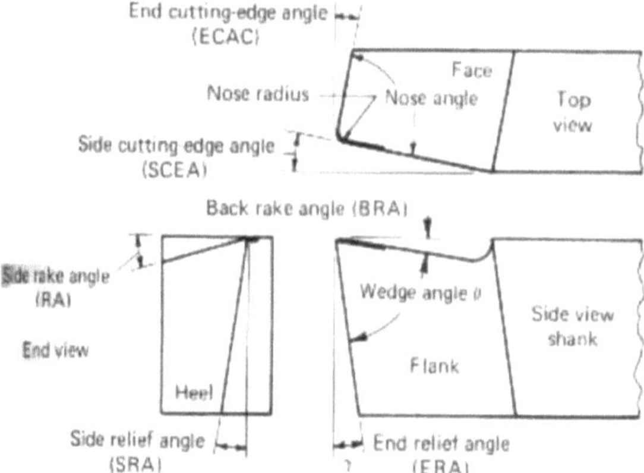

Fig. 3.6 Geometria de uma ferramenta de torneamento num ponto.

A superfície plana de uma ferramenta de ponta única, adjacente à face da ferramenta. Durante o torneamento, o flanco lateral está orientado na direção em que a ferramenta é inserida na peça de trabalho e o flanco final passa sobre a nova superfície maquinada.

Superfície plana - A superfície plana de uma ferramenta de ponta única através da qual a peça de trabalho gira durante o torneamento. Num dispositivo de torneamento típico, a face da ferramenta está virada para cima.

Ângulo de corte - Visto do lado que está virado para a peça de trabalho, este é o ângulo que a face da ferramenta forma com uma linha paralela ao solo. Um ângulo posterior positivo faz com que a face da ferramenta se incline para trás, um ângulo negativo fá-la inclinar-se para a frente e para cima. Ângulo de inclinação lateral - Visto de trás da ferramenta na direção longitudinal do porta-ferramentas, este é o ângulo formado pela face da ferramenta e a linha central da peça de trabalho. Um ângulo de inclinação positivo inclina a face da ferramenta para baixo e na direção do solo, um ângulo negativo inclina a face para cima e na direção da peça de trabalho.

Ângulo de inclinação lateral - Visto de cima na ferramenta de corte, este é o ângulo entre o lado da ferramenta e uma linha perpendicular à linha central da peça de trabalho. Um ângulo de corte lateral positivo desloca o flanco lateral para o interior do corte, e um ângulo negativo desloca o flanco lateral para o exterior do corte.

Ângulo da aresta de corte - Visto de cima na ferramenta de corte, este é o ângulo formado pelo flanco final da ferramenta e uma linha paralela à linha central da peça de trabalho. À medida que o ângulo da aresta de corte aumenta, a extremidade da aresta de corte afasta-se da peça de trabalho.

Ângulo lateral - Visto por trás da ferramenta na direção longitudinal do porta-ferramentas, este é o ângulo formado pelo flanco lateral da ferramenta e uma linha vertical ao solo. Ao aumentar o ângulo lateral, o flanco lateral afasta-se da peça de trabalho.

Raio do bico - Este é o ponto arredondado na aresta de corte de uma ferramenta de um só gume. Um raio de ponta de zero graus produz uma ponta afiada na ferramenta de corte. Ângulo de ataque - Este é o termo geral para o ângulo da aresta de corte lateral. Se um porta-ferramentas for construído com dimensões que alterem o ângulo de uma pastilha, o ângulo de ataque tem em conta esta alteração.

O ângulo de corte influencia a capacidade da ferramenta para cisalhar o material e formar a apara. Pode ser positivo ou negativo. Um ângulo de ataque positivo reduz as forças de corte, resultando numa menor deflexão da peça de trabalho, do suporte da ferramenta e da máquina. Se o ângulo de corte for demasiado grande, a resistência da ferramenta e a sua capacidade de conduzir o calor são reduzidas. Ao maquinar materiais duros, o ângulo de corte deve ser baixo, mesmo negativo para ferramentas de carboneto e diamante. Quanto maior for a dureza, menor será o ângulo de corte. Para os aços rápidos, o ângulo de corte é geralmente escolhido na zona positiva.

3.4.1 Filmagem MMCS

Maquinação CNC de compósitos de matriz metálica, tais como ligas de alumínio. O alumínio com 3%, 6%, 9% de compósitos SiC-MMC é também maquinado por torneamento.

As ligas de alumínio são mais leves do que os materiais monolíticos quando reforçadas com SiC para formar um compósito de matriz alumínio-metal. Os compósitos Al-SiC estão entre os materiais compósitos avançados que têm excelentes propriedades físicas e mecânicas em comparação com outros materiais convencionais. A liga de alumínio puro é misturada com 12% de SiC numa base de peso para produzir o compósito de matriz metálica (MMC).

3.4.2 Taxa de remoção de material

[3]A taxa de remoção de material (MRR) no torneamento é o volume de material removido por unidade de tempo, em mm /min. Uma camada anular de material é removida a cada rotação da peça.

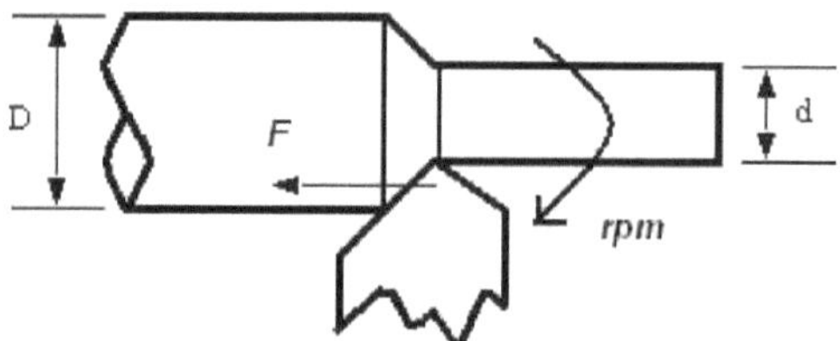

Fig.3.7 MRR em modo de rotação

$$MRR=\pi/4*(D_i^2-D_f^2)*F*N \qquad (5)$$

D_i = diâmetro inicial, mm, D_f= diâmetro final, mm, F= velocidade de avanço, mm/rev, N= velocidade do fuso, rpm.

3.4.3 Rugosidade da superfície

A rugosidade da superfície é uma medida importante da qualidade do produto, uma vez que tem uma forte influência no desempenho das peças mecânicas e nos custos de produção. A rugosidade da superfície tem um impacto nas propriedades mecânicas, como o comportamento à fadiga, a resistência à corrosão, a resistência à fluência, etc. Também influencia outras propriedades funcionais das peças, como a fricção, o desgaste, a reflexão da luz, a transferência de calor, a lubrificação, a condutividade eléctrica, etc. Antes de falarmos sobre a rugosidade da superfície, também precisamos de falar sobre a estrutura e as propriedades da superfície, porque estão intimamente ligadas. Se observarmos atentamente a superfície de uma peça metálica, verificamos que é geralmente constituída por várias camadas (Figura 8).

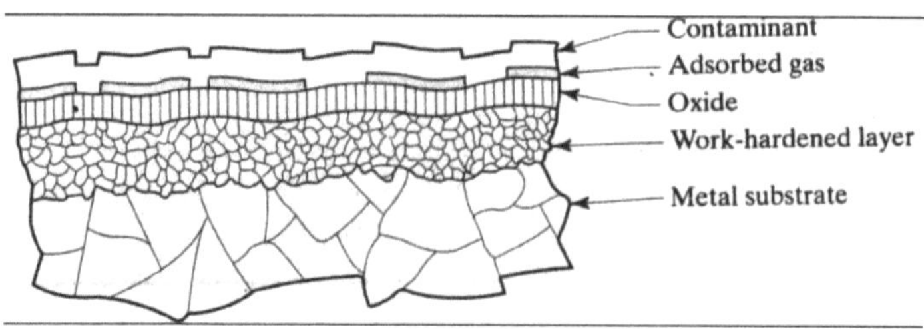

Fig.3.8 Representação esquemática de uma secção transversal da estrutura da superfície dos metais.

A integridade da superfície tem dois aspectos. O primeiro aspeto é a topografia da superfície, que descreve a rugosidade, "textura" ou textura da camada mais exterior da peça, ou seja, a sua interface com o ambiente. O segundo é a metalurgia da superfície, que descreve a natureza das camadas modificadas sob a superfície em relação à base do material da matriz. Este termo é utilizado para avaliar o impacto dos processos de fabrico nas propriedades do material da peça. A Figura 9 apresenta uma secção transversal simulada que mostra as diferentes camadas entre o material de base e o ambiente.

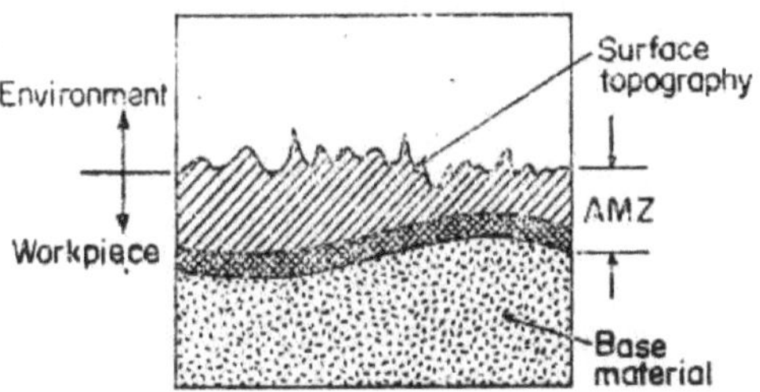

Fig. 3.9 Diferentes camadas de uma superfície

A integridade da superfície descreve não só as caraterísticas topológicas (geométricas) das superfícies e as suas propriedades físicas e químicas, mas também as suas propriedades e caraterísticas mecânicas e metalúrgicas. A integridade da superfície é uma consideração importante no fabrico, uma vez que influencia propriedades como a resistência à fadiga, a resistência à corrosão e a vida útil. As camadas mais externas de todas as superfícies maquinadas apresentam um grande número de desvios macro e microgeométricos em relação à superfície geométrica ideal. A rugosidade da superfície refere-se ao desvio da superfície nominal de terceira a sexta ordem. A ordem do desvio é definida em normas internacionais. Os desvios de primeira e segunda ordem referem-se à forma, ou seja, à planicidade, circularidade, etc., ou à ondulação, e devem-se a falhas da máquina-ferramenta, à deformação da peça, a uma regulação e fixação incorrectas, a vibrações e ao material da peça de forma homogénea. Os desvios de terceira e quarta ordem referem-se a estrias periódicas, fissuras e deterioração relacionadas com a forma e o estado das arestas de corte, a formação de aparas e a cinemática do processo. Os desvios de quinta e sexta ordem estão relacionados com a estrutura do material da peça, que está ligada a mecanismos físico-químicos que actuam ao nível do grão e da rede (deslizamento, difusão, oxidação, tensões residuais, etc.). Os diferentes desvios de ordem são sobrepostos e formam o perfil de rugosidade da superfície apresentado na Figura 10.

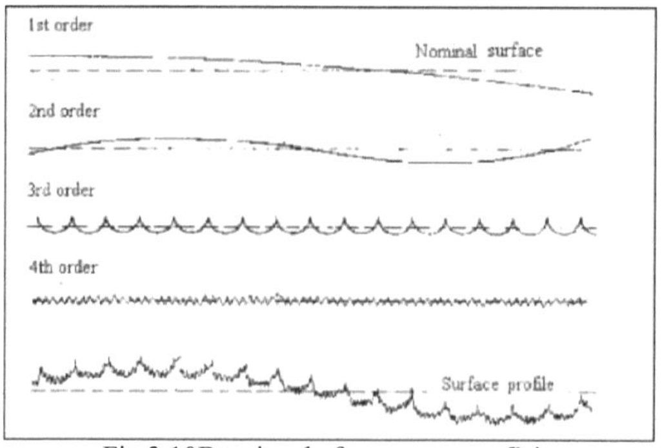

Fig.3.10Desvios de forma na superfície

Os seguintes tipos de elementos são ilustrados na Figura 11

<u>Superfície</u>: a superfície de um objeto é a fronteira entre esse objeto e outra substância. A sua forma e extensão são geralmente definidas por um desenho ou dados descritivos.

<u>Perfil</u>: o contorno de uma secção específica de uma superfície.

<u>Rugosidade</u>: definida como variações muito próximas e irregulares numa escala mais pequena do que a da ondulação. A rugosidade pode ser sobreposta à ondulação. A rugosidade exprime-se pela sua altura, largura e distância em relação à superfície em que é medida.

<u>Ondulação</u>: trata-se de um desvio recorrente de uma superfície plana, semelhante às ondas na superfície da água. É medida e descrita pela distância entre cristas adjacentes (largura da onda) e a altura entre cristas e vales (altura da onda). A ondulação pode ser causada por

(i)   Desvios da ferramenta, da matriz ou da peça de trabalho,

(ii)   Forças ou temperaturas suficientes para provocar deformações,

(iii)   Lubrificação irregular,

(iv) vibrações; ou

(v) eventuais variações periódicas mecânicas ou térmicas do sistema durante o fabrico

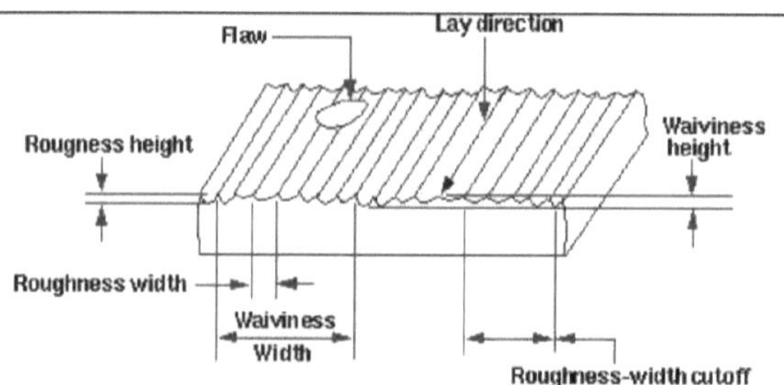

Fig.3.11 Caraterísticas da superfície

<u>Defeitos</u>: Os defeitos ou imperfeições são irregularidades aleatórias, tais como riscos, fissuras, buracos, reentrâncias, costuras, rasgões ou inclusões, como ilustrado na figura 11.

<u>Posição</u>: a direção de assentamento é a direção do padrão de superfície predominante e é

geralmente visível a olho nu. A direção de assentamento é ilustrada na figura 11.

A rugosidade resultante, gerada por um processo de maquinagem, pode ser considerada como uma combinação de duas grandezas independentes:

a. Rugosidade ideal e

b. Rugosidade natural.

a. Rugosidade ideal

A rugosidade ideal da superfície é uma função da velocidade de avanço e da geometria da ferramenta. Representa a melhor superfície possível que pode ser obtida com uma determinada forma de ferramenta e velocidade de avanço. Só pode ser alcançada se as arestas postiças, a vibração e as imprecisões nos movimentos da máquina-ferramenta forem completamente eliminadas. Para uma ferramenta de corte sem raio de corte, a altura máxima da aspereza é dada por

Onde f é a taxa de avanço, ϕ é o ângulo de corte primário e в é o ângulo de corte secundário. Ângulo da borda.

O valor da rugosidade da superfície é dado por : Ra = Rmax/4

O modelo idealizado de rugosidade da superfície é claramente apresentado na Figura 12.

$$R_{max} = \frac{f}{\cos\varphi + \cos\beta} \tag{6}$$

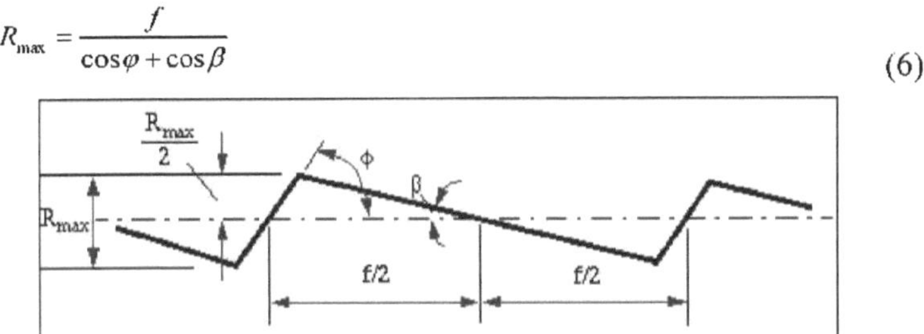

Figura 3.12Modelo idealizado de rugosidade da superfície

As ferramentas de corte práticas têm geralmente um canto arredondado (raio de ponta) e a ilustração mostra a superfície gerada por uma ferramenta deste tipo em condições ideais. Pode demonstrar-se que o valor da rugosidade está intimamente relacionado com o avanço e o raio de corte através da seguinte expressão :

$$Ra = \frac{0.0321 f^2}{r} \tag{7}$$

Onde r é o raio do nariz.

b. Rugosidade natural

Na prática, não é normalmente possível obter condições como as acima descritas, e a rugosidade natural da superfície representa normalmente uma grande proporção da rugosidade real. Um dos principais factores que contribuem para a rugosidade natural é a formação de uma aresta postiça e a vibração da máquina-ferramenta. Quanto maior for a aresta postiça, mais rugosa será a superfície resultante, e os factores que reduzem o atrito entre a apara e a ferramenta e eliminam ou reduzem a aresta postiça conduzem a um melhor acabamento da superfície. Sempre que duas superfícies maquinadas entram em contacto, a qualidade das superfícies homólogas desempenha um papel importante no desempenho e desgaste das superfícies homólogas.

A altura, a forma, a disposição e a direção destas irregularidades superficiais na peça de trabalho dependem de uma série de factores, tais como

  A) Variáveis de edição, que incluem

      a) Velocidade do fuso

      b) alimentos para animais, e

      c) profundidade de corte.

  B) Geometria da ferramenta

Eis alguns factores geométricos que influenciam a qualidade da superfície obtida:

      a) Raio do nariz

      b) Ângulo de inclinação

      c) ângulo de corte lateral e

      d) Tecnologia de ponta.

  C) Combinação de materiais da peça e da ferramenta e suas propriedades mecânicas

  D) a qualidade e o tipo de máquina-ferramenta utilizada,

  E) as ferramentas auxiliares e os lubrificantes utilizados, e

  F) vibrações entre a peça de trabalho, a máquina-ferramenta e a ferramenta de corte.

3.5.5 Maquinabilidade e processos de maquinagem

A maquinabilidade é considerada a facilidade com que um material pode ser maquinado, sendo normalmente referida como uma propriedade do material. Embora não exista um valor físico para avaliar a maquinabilidade, esta pode ser quantificada como uma combinação do índice de maquinabilidade, das propriedades de formação de aparas, do desgaste da ferramenta, das forças de corte que actuam na ferramenta, das taxas de remoção de material, do acabamento superficial possível, etc. Regra geral, uma boa maquinabilidade significa uma combinação de corte com energia mínima, desgaste mínimo da ferramenta e bom acabamento superficial. A maquinabilidade do alumínio é considerada muito boa, ou mesmo excelente em algumas definições. Na indústria automóvel, é uma medida direta da qualidade do produto, que tem um impacto nos custos de fabrico. Também influencia a fricção da superfície, a capacidade de reter lubrificantes, a reflexão da luz, as resistências de contacto eléctricas e térmicas, etc. Na indústria automóvel, o valor de rugosidade desejado e o processo correspondente para o atingir são geralmente definidos para cada peça. A ideia básica por detrás da economia da maquinagem é simplesmente atingir o menor custo possível por peça fabricada, mantendo os padrões de qualidade do produto. Um modelo básico de custos para a maquinagem de uma peça é dado pela equação :

$$C_p = C_m + C_s + C_l + C_t + C_m \qquad (8)$$

em que "C_p" é o custo total por peça, "C_m" é o custo de maquinagem, "C_s" é o custo de preparação, "C_l" é o custo de manuseamento do material, "C_t" é o custo da ferramenta e "C_{rm}" é o custo da matéria-prima. A Figura 13 apresenta uma representação dos custos de maquinação por peça para um cenário de maquinação típico.

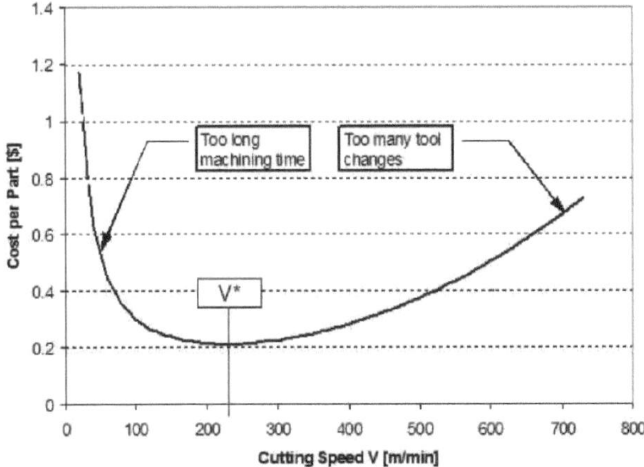

Figura 3.13 Custos de tratamento/peça para um cenário de tratamento típico

Deve notar-se que o processo de redução do custo total por peça através da variação dos parâmetros de corte (velocidade, avanço, profundidade de corte, raio de ponta, etc.) consiste principalmente em dois factores opostos: redução do tempo de ciclo e demasiadas mudanças de ferramenta. Uma velocidade de corte óptima (V*) pode ser determinada analiticamente, mas é difícil compreender com precisão todos os factores que contribuem para ela. Regra geral, o processo de maquinação pode ser efectuado a estas velocidades óptimas do fuso sem quaisquer efeitos negativos; normalmente, é apenas limitado por determinados requisitos, tais como uma determinada rugosidade da superfície. A rugosidade da superfície tem uma importância considerável, uma vez que influencia tanto o comportamento funcional como os custos de fabrico de uma peça. A tentativa de reduzir a rugosidade da superfície abaixo de certos limites geralmente aumenta exponencialmente os custos de fabrico, embora a qualidade da superfície dos produtos maquinados seja um imperativo no mercado atual.

3.6 Método de Taguchi

O método Taguchi é uma ferramenta poderosa para o desenvolvimento de sistemas de alta qualidade. Oferece uma abordagem eficaz e sistemática para otimizar a conceção e o desempenho, a qualidade e os custos. O método Taguchi é um método eficaz para a conceção de processos que funcionam de forma consistente e optimizada em diferentes condições. Reconhecendo a necessidade de reduzir custos e melhorar a qualidade e a produtividade, as empresas introduziram a gestão global da qualidade. Trata-se de um método revolucionário que requer o empenhamento da gestão, o envolvimento do pessoal e a utilização de ferramentas estatísticas. O método de Design de Experiências (DOE) do Dr. Taguchi é uma das principais ferramentas estatísticas da TQM, permitindo o desenvolvimento de sistemas de alta qualidade a baixo custo. O método de Taguchi oferece uma forma rentável, eficiente e sistemática de otimizar os projectos em termos de desempenho, qualidade e custo. O método tem sido utilizado com sucesso para desenvolver produtos fiáveis e de alta qualidade a baixo custo em sectores como o automóvel, o aeroespacial e a eletrónica de consumo.

O rácio sinal/ruído (S/N) de Taguchi é utilizado como um índice de desempenho para avaliar as respostas. O critério de qualidade "menor - melhor" é utilizado para a rugosidade da superfície e para o consumo de energia. A rugosidade da superfície (Ra) e o consumo de energia (Pc) do processo de torneamento são analisados para estudar o impacto dos parâmetros do processo. Os dados experimentais são convertidos em valores médios e rácios S/N. Os resultados dos parâmetros de maquinagem são analisados e simulados utilizando os métodos Taguchi e ANOVA.

A ideia de Taguchi baseia-se na redução da variação das caraterísticas do sistema/produto. Definiu a qualidade como a perda que um produto causa na satisfação do cliente depois de o produto ter sido entregue. Assim, de acordo com a sua proposta, para alcançar a satisfação do cliente, existem certas variações nos sistemas que devem ser optimizadas utilizando abordagens de parâmetros, tolerâncias e conceção de sistemas, com os dados destas abordagens concebidos em menos passagens utilizando tabelas ortogonais e análise de resultados experimentais por análise de variância (ANOVA).

Taguchi também definiu uma medida de desempenho conhecida como relação sinal-ruído (S/N) e tem como objetivo maximizá-la através da escolha correta dos níveis dos parâmetros:

$$S/NT = 10 \log (y/s^2) \tag{9}$$

Larger is the better (maximize):

$$S/NL = -10\log 1/y \sum_{i=1}^{n} \frac{1}{yi^2} \tag{10}$$

Smaller is better (minimize):

$$S/NS = -10\log 1/y \sum_{i=1}^{n} yi^2 \tag{11}$$

[2] Em que F é a média dos dados observados, Sy a variância de y, n o número de observações e Y os dados observados.

[7] Por exemplo, se, após ter em conta as várias interações entre os factores existentes, forem selecionados sete factores de dois níveis para estudos de otimização, devem ser realizadas 128 experiências (2 =128) utilizando o método clássico de experimentação fatorial completa. No entanto, se for utilizada a estratégia de experimentação de Taguchi, apenas 8 experiências são suficientes se existir informação suficiente sobre as interações. [4] Para quatro factores com três níveis, são necessárias 81 experiências (3 =81) com o método clássico do

fatorial completo, ao passo que são necessárias apenas 9 experiências com o método de Taguchi.

Na abordagem experimental de Taguchi, o número de experiências é calculado em função dos níveis dos factores e dos graus de liberdade.

As vantagens da técnica de Taguchi são: (i) um número muito menor de ensaios necessários para obter uma solução aceitável com o mesmo número de factores do que com as técnicas convencionais de conceção de ensaios; (ii) uma minimização da dispersão em torno do valor-alvo quando o valor do desempenho é levado ao valor-alvo, bem como uma minimização dos custos dos ensaios; (iii) as condições de trabalho óptimas determinadas em laboratório podem também ser reproduzidas no ambiente de produção real. A conceção de Taguchi é uma abordagem simples, eficaz e sistemática para otimizar as concepções em termos de desempenho, qualidade e custo.

3.7 Análise de variância

Diferentes factores, ou variáveis e parâmetros de conceção, influenciam o resultado final em diferentes graus ou níveis. Uma melhor ideia do impacto relativo dos diferentes factores (ou parâmetros) no valor-alvo pode ser obtida através de um método de decomposição da variância denominado "análise da variância" (ANOVA). A variância total do resultado é distribuída entre os diferentes parâmetros utilizando métodos estatísticos. Também ajuda a calcular a importância percentual de cada fator. Obviamente, um fator que atinja uma percentagem mais elevada deve ser tratado como prioritário (por vezes, as restrições inevitáveis de tempo, dinheiro, etc., não permitem otimizar todos os parâmetros e alguns deles devem ser deixados no seu nível atual. A ANOVA ajuda a selecionar os parâmetros que requerem uma otimização urgente e aqueles que não têm uma grande variância ou uma elevada percentagem de significância e que podem ser deixados nos seus valores actuais sem modificação.

3.8 Otimização - Algoritmo genético

No algoritmo genético, cada solução candidata é codificada como uma população de cadeias de caracteres. Em geral, as soluções são representadas em formato binário por cadeias de caracteres contendo 0 e 1, mas também são possíveis outras codificações. O processo evolutivo ou de pesquisa começa geralmente com uma população de indivíduos gerados aleatoriamente e prossegue através de gerações. Em cada geração, a aptidão de cada indivíduo da população é avaliada e modificada utilizando operadores de cruzamento, mutação e hereditariedade para formar uma nova população com um melhor valor da função de aptidão. A nova população é então utilizada na próxima iteração do algoritmo de AG, que é diferente da geração anterior. Em geral, a aptidão média da população aumentou com este procedimento, uma vez que apenas os melhores organismos da primeira geração são selecionados para cultivo, com uma pequena proporção de soluções menos adequadas. Em geral, o algoritmo pára quando é gerado um número máximo de gerações ou quando é atingido um nível satisfatório de aptidão da população.

O AG simples consiste nas seguintes etapas:

1. Inicialize o algoritmo definindo o tamanho da população, a probabilidade de cruzamento e a probabilidade de mutação.

2. Criar uma população inicial aleatória e avaliar a aptidão de cada novo indivíduo da população.

3. Repetir a operação até o limite de avaliação ser atingido.

(a) Seleção: Devolve uma nova população de soluções selecionadas da população utilizando o operador de seleção de torneios.

(b) Crossover: seleção aleatória de pares de soluções da população para efetuar um crossover, utilizando apenas o crossover de dois pontos.

(c) mutação: modificação aleatória de uma solução para obter uma nova solução, a mutação de inserção actualiza a aptidão de cada indivíduo da população

4. Fim do algoritmo.

Tamanho da população = 50%, crossover = 75%, mutação = 5%.

O MRR é maximizado e o Ra minimizado, respeitando os valores-limite dos parâmetros de processo selecionados.

CAPÍTULO 4

RESULTADOS E DISCUSSÃO

4.1 Recolha de dados

O método mais direto para determinar a taxa de remoção de material e a qualidade da superfície consiste em criar modelos de regressão baseados em estudos experimentais. A vantagem destes modelos é que são capazes de ter em conta vários factores que influenciam a taxa de remoção de material e a qualidade da superfície e que não podem ser tidos em conta nos modelos analíticos, bem como nos casos em que não é possível uma formulação analítica.

4.1.1 Fontes de recolha de dados

Neste trabalho de investigação, foram considerados como parâmetros de maquinagem a velocidade de avanço, a profundidade de corte, a velocidade do fuso e o raio de ponta, e o torneamento foi efectuado com e sem a aplicação de líquido de refrigeração. [4]As experiências foram projectadas com a matriz de Taguchi L16 ortogonal (2). A Tabela 4.1 mostra os parâmetros de maquinagem e os seus valores.

As experiências foram efectuadas num torno CNC convencional (HASSA). Foram utilizados MMCs à base de alumínio como material da peça de trabalho, com um comprimento de 50 mm e um diâmetro de 15 mm, maquinados com uma ferramenta de corte de carboneto (DCMT 11 T3 08-PM & DCMT 11 T3 04-UM, suporte da ferramenta - SDJCL 2020K-11).

Quadro 4.1 Parâmetros de tratamento e respectivos valores

Factores	Níveis	
	-1	+1
Líquido de arrefecimento	Com	sem
SiC % de	3	6
Velocidade do fuso (rpm)	1500	2500
Velocidade de avanço (mm/rot)	0.1	0.2
Profundidade de corte (mm)	0.75	1
Raio do nariz (mm)	0.4	0.8

Antes do ensaio, as peças foram tratadas, removendo 0,1 mm de material da superfície superior para eliminar quaisquer irregularidades ou defeitos de superfície. Foram retiradas oito peças idênticas com 50 mm de comprimento e marcadas em ambas as peças (ver Figuras 14 e 15). Rugosidade da superfície da peça

[3]As superfícies foram medidas com um aparelho de medição da rugosidade superficial, como o TURBO RAUHEIT V6.14, e a taxa de remoção de material (MRR) foi calculada em mm/min utilizando a seguinte fórmula

$$MRR = \pi/4 *(D_{i2}-D_{f2})*F*N$$

Onde

D_f= diâmetro final, mm, D_i= diâmetro inicial, mm, N= velocidade do fuso, rpm, F= velocidade de avanço, mm/rev.

a) 3% MMC   b) 6% MMC

Fig. 4.1 Antes da maquinagem da peça.

Número de experiências
a) 3% de MMC (sem refrigerante)
b) 6% MMC (sem refrigerante)

b) 3% de MMCs (com líquido de arrefecimento) d) 6% de MMCs (com líquido de arrefecimento)

Fig. 4.2 MMC à base de alumínio.

4.2 Detalhes dos dados recolhidos

Os dados do projeto experimental, os resultados da taxa de remoção de material e da rugosidade superficial são apresentados na Tabela 4.2. As linhas de uma tabela ortogonal L16 foram utilizadas para o trabalho experimental, com cada linha e coluna contendo os factores a serem estudados. A primeira coluna continha os valores da velocidade do fuso, a segunda os valores da velocidade de avanço, a terceira os valores da profundidade de corte e a seguinte os valores do raio de ponta. Além disso, todas as experiências foram efectuadas com e sem líquido de refrigeração (ver coluna dois) e foram utilizados materiais com 3% e 6% de partículas reforçadas (ver coluna três). A taxa de remoção de material foi determinada utilizando a fórmula MRR e a rugosidade da superfície foi medida utilizando um medidor de rugosidade da superfície (TURBO RAUHEIT V6.14).

Tabela 4.2 Arranjo ortogonal de Taguchi L_{16} com valores observados

Sr. Não.	Líquido de arrefecimento	SiC % de	Velocidade do fuso (rpm)	Velocidade de avanço (mm/rot)	Profundidade de corte (mm)	Raio do nariz (mm)	Ra (gm)	[3]MRR (mm /min)
1	Com	3	1500	0.1	0.75	0.4	1.71	2653.69
2	Com	3	1500	0.1	0.75	0.8	1.85	1676.29
3	Com	6	2500	0.2	1	0.4	4.55	11607.07
4	Com	6	2500	0.2	1	0.8	2.43	8743.86
5	Sem	3	1500	0.2	1	0.4	4.79	5280.78
6	Sem	3	1500	0.2	1	0.8	2.68	2417.57
7	Sem	6	2500	0.1	0.75	0.4	4.44	4314.57
8	Sem	6	2500	0.1	0.75	0.8	2.33	1451.36
9	Com	3	2500	0.1	1	0.4	1.59	7332.15
10	Com	3	2500	0.1	1	0.8	0.64	4468.94
11	Com	6	1500	0.2	0.75	0.4	4.67	6928.60
12	Com	6	1500	0.2	0.75	0.8	2.56	4065.39
13	Sem	3	2500	0.2	0.75	0.4	4.86	5461.4
14	Sem	3	2500	0.2	0.75	0.8	2.75	2598.18
15	Sem	6	1500	0.1	1	0.4	4.37	4133.96
16	Sem	6	1500	0.1	1	0.8	2.26	1270.75

4.3 Preparação de dados para análise

Método de Taguchi, em que os resultados dos ensaios são convertidos numa relação sinal/ruído (S/N). Este método recomenda geralmente a utilização do rácio S/N para deduzir as caraterísticas de qualidade que se desviam de valores específicos. Os parâmetros de controlo óptimos identificados são o volume de remoção de material como uma caraterística de alta qualidade e a rugosidade da superfície como uma caraterística de baixa qualidade. A Tabela 4.3 mostra os rácios S/N para a taxa de remoção de material (MRR) e a rugosidade da superfície (SR).

Tabela 4.3 Rácio S/N para MRR e Ra

Sr. Não.	Líquido de arrefecimento	SiC % de	Velocidade do fuso (rPm)	Velocidade de avanço (mm/rot)	Profundidade de corte (mm)	Raio do nariz (mm)	Rácio S/N - Ra (db)	Rácio S/N - MRR (db)
1	Com	3	1500	0.1	0.75	0.4	-4.6884	68.4770
2	com	3	1500	0.1	0.75	0.8	-5.3434	64.4870
3	com	6	2500	0.2	1	0.4	-13.1614	81.2945
4	com	6	2500	0.2	1	0.8	-7.7456	78.8341
5	sem	3	1500	0.2	1	0.4	-13.6146	74.4540
6	sem	3	1500	0.2	1	0.8	-8.5728	67.6676
7	sem	6	2500	0.1	0.75	0.4	-12.9660	72.6988
8	sem	6	2500	0.1	0.75	0.8	-7.3773	63.2355
9	com	3	2500	0.1	1	0.4	-4.0313	77.3046
10	com	3	2500	0.1	1	0.8	3.8764	73.0041
11	com	6	1500	0.2	0.75	0.4	-13.3968	76.8129
12	com	6	1500	0.2	0.75	0.8	-8.1796	72.1821
13	sem	3	2500	0.2	0.75	0.4	-13.7450	74.7461
14	sem	3	2500	0.2	0.75	0.8	-8.8044	68.2934
15	sem	6	1500	0.1	1	0.4	-12.8233	72.3273
16	sem	6	1500	0.1	1	0.8	-7.1037	62.0812

4.4 Análise de dados

As técnicas de planeamento experimental são definidas como técnicas de planeamento de fator único, de fator total e de fator fraccionado. Nesta metodologia, apenas um parâmetro é alterado durante um tratamento e o segundo é mantido constante; este método é designado por monofactorial. A interação dos parâmetros não pode ser determinada com este método de fator único. Por outro lado, as concepções de um fator, as concepções de fator completo e as concepções de fator fraccionado podem incluir interações. Para todos os métodos de conceção de experiências, o número de tratamentos depende do número de parâmetros e do seu nível. Os principais inconvenientes destes métodos para aplicações industriais são (1) a necessidade de pessoal qualificado para interpretar os resultados, (2) o elevado custo da sua aplicação e (3) os longos períodos de tempo que tornam esta abordagem muito difícil para otimizar processos industriais in situ.

As experiências sobre o processo de torneamento foram efectuadas utilizando a abordagem paramétrica do método Taguchi. Neste trabalho de investigação, os parâmetros do processo de torneamento tiveram um efeito individual nas caraterísticas de qualidade selecionadas, tais como a taxa de remoção de material e a rugosidade da superfície. A partir dos dados experimentais, a relação S/N das caraterísticas de resposta foi calculada para cada variável em diferentes níveis. Os principais efeitos das variáveis do processo nos dados S/N foram registados. As curvas de resposta são utilizadas para estudar os efeitos paramétricos nas caraterísticas de resposta. Foi efectuada uma análise de variância dos dados S/N para identificar as variáveis significativas e quantificar o seu impacto nas caraterísticas de resposta.

A análise das curvas de resposta e das tabelas ANOVA identifica os valores mais frequentemente escolhidos ou as definições óptimas dos parâmetros do processo em relação às caraterísticas médias da resposta.

4.5 Análise da taxa de remoção de material

Para investigar os efeitos dos parâmetros do processo nos valores MRR, foram efectuados testes com o L16 OA. Os valores médios de MRR para cada parâmetro do processo nas etapas 1 e 2 para os dados S/N são apresentados na Figura 4.3.

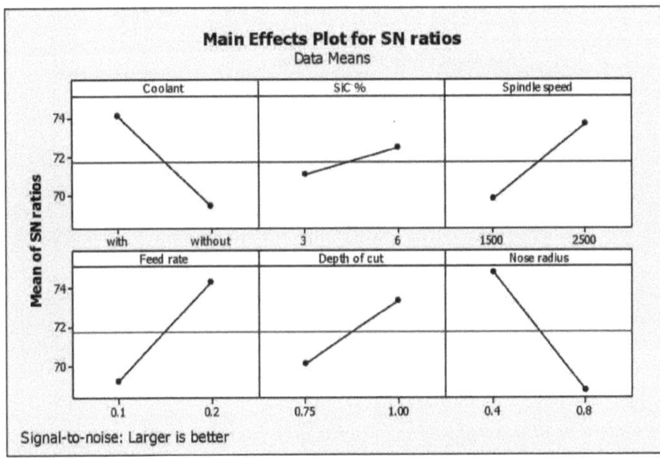

Fig. 4.3 Influência dos parâmetros de entrada na capacidade de remoção de material (dados S/N)

Como se mostra na Figura 4.3, a taxa de remoção de material aumenta com os valores da velocidade do fuso e aumenta com o avanço e a profundidade de corte, enquanto a taxa de remoção de material diminui com o valor do raio da ponta. O método teórico de remoção de material mostra que a taxa de remoção é diretamente proporcional à velocidade de avanço, à velocidade do fuso e à profundidade de corte. O mesmo foi observado nos resultados experimentais. A velocidade do fuso é a velocidade a que o material da peça de trabalho passa pela ferramenta de corte. O avanço depende diretamente da ferramenta de corte, tal como o avanço com que a ferramenta se desloca ao longo do seu percurso de corte. O avanço também depende da velocidade do fuso. Assim, à medida que a velocidade do fuso aumenta, a taxa de avanço também aumenta, resultando numa maior taxa de remoção de material. A espessura da camada de material removido (numa única passagem) da peça de trabalho, ou a distância

da superfície não cortada da peça de trabalho até à superfície cortada pela ferramenta de corte designa-se por profundidade de corte. O volume de material removido aumenta, portanto, com o valor da profundidade de corte. O raio de corte é o diâmetro do ponto final da pastilha da ferramenta.

Os dados dos gráficos de resíduos foram utilizados para avaliar questões como a não normalidade, a variação não constante e não aleatória, as relações de ordem superior, a variância e os valores atípicos. A figura 4.4 mostra que os resíduos representam uma linha aproximadamente reta no gráfico de probabilidade normal e a natureza aproximadamente simétrica do histograma mostra que os resíduos têm uma distribuição normal. Os resíduos têm uma variância constante, uma vez que estão dispersos aleatoriamente em torno do ponto zero no gráfico de resíduos relativamente aos valores ajustados. Como não há um padrão claro para os resíduos, não há erro devido ao tempo ou à ordem da recolha de dados.

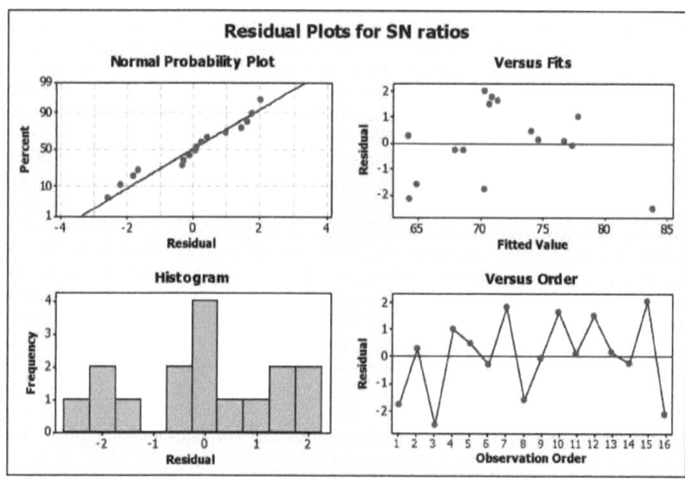

Fig. 4.4 Diagramas residuais para MRR (rácio SN)

Para examinar a importância das variáveis do processo para a MRS, foi efectuada uma análise de variância com um intervalo de confiança de 95% e um nível de significância de 0,05. Verificou-se que o líquido de arrefecimento, a taxa de avanço, a profundidade de corte, a velocidade do fuso e o raio da ponta são parâmetros de processo significativos para a MRS. Verificou-se que o líquido de arrefecimento, o avanço, a profundidade de corte, a velocidade do fuso e o raio da ponta são parâmetros de processo significativos para o MRR. [22] Estes parâmetros de processo significativos foram previstos com um valor R de 91,9% e um valor R de 87,8% (ver tabela de respostas). As tabelas de resposta (Tabela 4.4) e a ANOVA para a taxa de remoção de material (Tabela 4.5) mostram a média de cada caraterística de resposta para cada nível de cada fator. A tabela é composta por classificações baseadas em estatísticas delta que comparam a magnitude relativa dos efeitos. As estatísticas delta correspondem à maior média menos a menor média para cada fator. O Minitab atribui classificações de acordo com os valores delta: classificação 1 para o maior valor delta, classificação 2 para o segundo maior e assim por diante. As classificações indicam a importância relativa de cada fator na resposta. As classificações e os valores delta mostram que o raio da ponta tem o maior impacto no volume de aparas, seguido da velocidade do fuso, da velocidade de avanço e da profundidade de corte. O MRR é uma caraterística de qualidade "maior é melhor", e a análise dos dados S/N mostra que o primeiro nível de refrigerante e raio do nariz, e o segundo nível de velocidade do fuso, taxa de avanço e profundidade de corte dão valores máximos de MRR.

Tabela 4.4 Tabela de resposta para a taxa de remoção de material (dados da relação S/N, Larger-the-
better)

Nível	Líquido de arrefecimento	Velocidade do fuso	Velocidade de alimentação	Raio de profundidade de corte	Nariz
1	74.05	69.81	69.20	70.12	74.76
2	69.44	73.68	74.29	73.37	68.72
Delta	4.61	3.87	5.08	3.25	6.04
Classificação	3	4	2	5	1

Tabela 4.5 Tabela ANOVA agrupada para o volume de remoção de material (dados S/N)

Fonte	DF	Seq SS	SS WO	MS WO		F	P
Líquido de arrefecimento	1	85.07	85.07	85.065	22.06	0.001	
Velocidade do fuso	1	59.76	59.76	59.760	15.50	0.003	
Velocidade de alimentação	1	103.37	103.37	103.373	26.81	0.000	
Profundidade de corte	1	42.36	42.36	42.362	10.99	0.008	
Raio do nariz	1	145.99	145.99	145.988	37.86	0.000	
Erro residual	10	38.56	38.56	3.856			
Total	15	475.11					
S =1, 964	R-Sq =91.9%		R-Sq(adj) =87.8%				

A análise de regressão foi efectuada no ambiente do Minitab 16 para garantir um ajuste à superfície de erro com o quadrado mais pequeno. A análise de regressão foi realizada para encontrar a relação entre os factores de entrada e a MRR. A análise de regressão baseou-se no pressuposto de que os factores e a resposta estavam linearmente relacionados. Foi desenvolvido um modelo geral de primeira ordem para prever a MRR para o domínio experimental (equações 12 e 13). [2]Em geral, a estatística R ajustada nem sempre aumenta quando são adicionadas variáveis ao modelo. [2]Quando são adicionados termos desnecessários, o valor de R ajustado diminui frequentemente. [22]Se R e R ajustado diferirem significativamente, há uma boa hipótese de não terem sido adicionados termos significativos ao modelo. [2]Nesta experiência, o valor de R indica que os preditores explicam 81,15% da variação nas respostas. [2]O valor ajustado de R para o número de preditores no modelo, 88,96%, indica que os dados estão bem ajustados.

Líquido de arrefecimento

Com

MRR = -5270,8 + 2,19381*velocidade do fuso + 24751,4*velocidade de avanço + -5270,8 + 2,19381*velocidade do fuso + 24751,4*velocidade de avanço

8052.79 *Profundidade de corte - 6568,71*raio da ponta (12)

Sem

MRR = -7839,23 + 2,19381*velocidade do fuso + 24751,4*velocidade de alimentação + -7839,23 + 2,19381*velocidade do fuso + 24751,4*velocidade de alimentação + -7839,23 + 2,19381*velocidade do fuso

8052.80 *Profundidade de corte - 6568,71*raio da ponta (13)

Os valores positivos para a velocidade do fuso, o avanço e a profundidade de corte indicam que o aumento dos parâmetros do processo aumenta a taxa de remoção de material, assumindo um raio de ponta.

8052.81 Análise da rugosidade da superfície

A fim de determinar o impacto dos parâmetros do processo na rugosidade da superfície, foram efectuados ensaios com o L16 OA. Os valores médios da rugosidade da superfície para cada parâmetro nas fases 1 e 2 para os dados S/N são apresentados na Figura 4.5.

A Figura 4.5 mostra que a rugosidade da superfície diminui com o aumento da velocidade de avanço sem líquido de refrigeração. A rugosidade da superfície aumenta com a velocidade do fuso, o raio da ponta e a profundidade de corte. A teoria da remoção de material mostra que um aumento da velocidade do fuso reduz consideravelmente a rugosidade da superfície. A baixas velocidades do fuso, forma-se uma aresta de corte maior e instável (BUE), e as aparas também se partem facilmente, resultando numa superfície rugosa. À medida que a velocidade do fuso aumenta, a BUE desaparece, a quebra de aparas diminui e a rugosidade também. Um aumento da velocidade de avanço aumenta a rugosidade da superfície. Um aumento na taxa de avanço aumenta a vibração e o calor, o que aumenta a rugosidade da superfície. O aumento da profundidade de corte aumentaria ligeiramente a rugosidade da superfície. A melhor qualidade de superfície foi obtida com a combinação da menor taxa de avanço e a maior velocidade do fuso. Esta descoberta pode ser muito útil para a produção em massa, e os valores óptimos para a velocidade do fuso e a taxa de avanço podem ser definidos para reduzir o tempo de fabrico sem comprometer a qualidade da superfície.

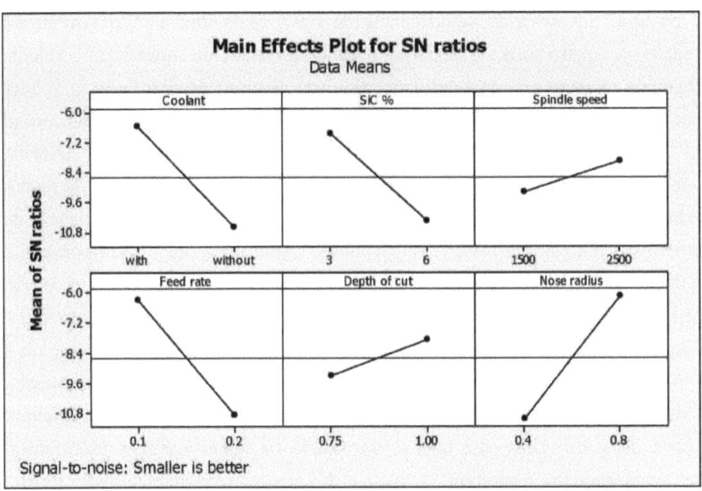

Fig. 4.5 Diagramas de efeitos principais para os rácios SN (Ra)

Os gráficos de resíduos são utilizados para examinar os dados em busca de problemas como a não normalidade, a variação não aleatória, a variância não constante, as relações de ordem superior e os valores atípicos. A Figura 4.6 mostra que os resíduos no gráfico de probabilidade normal seguem uma linha aproximadamente reta e que a natureza aproximadamente simétrica do histograma indica que os resíduos têm uma distribuição normal. Os resíduos têm uma variância constante, uma vez que estão dispersos aleatoriamente em torno do valor zero nos resíduos relativamente aos valores ajustados. Como não há um padrão claro nos resíduos, não há erro devido ao tempo ou à ordem da recolha de dados.

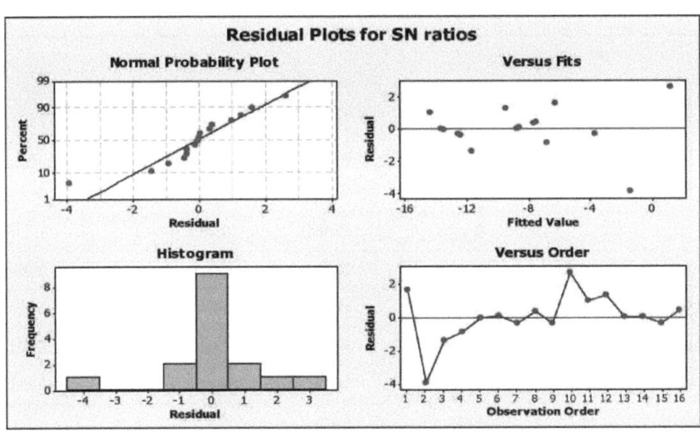

Fig. 4.6 Residual Plots for Ra

A fim de examinar a importância das variáveis do processo para a rugosidade da superfície, foi efectuada uma análise de variância (ANOVA) com um intervalo de confiança de 95%, ou seja, um nível de significância de 0,05. Mais uma vez, o raio da ponta foi considerado o parâmetro mais significativo para a rugosidade da superfície. A velocidade do fuso, a taxa de avanço e a profundidade de corte tiveram uma influência moderada na rugosidade da superfície. [22]Foram previstas variáveis de processo significativas com um valor R de 95,4% e um R ajustado de 89,3%. A tabela de resposta (Tabela 4.6) e a ANOVA para a rugosidade da superfície (Tabela 4.7) mostram a média de cada caraterística de resposta para cada nível de cada fator. As tabelas contêm classificações baseadas em estatísticas delta que comparam a importância relativa dos impactos. As estatísticas delta correspondem à média mais alta menos a média mais baixa para cada fator. O Minitab atribui classificações de acordo com os valores delta: classificação 1 para o maior valor delta, classificação 2 para o segundo maior e assim por diante. As classificações indicam a importância relativa de cada fator na resposta. As classificações e os valores delta mostram que o raio da ponta tem o maior impacto na rugosidade da superfície, seguido da velocidade do fuso, da velocidade de avanço e da profundidade de corte. Uma vez que a rugosidade da superfície é uma caraterística de qualidade "mais pequena é melhor", a análise dos dados S/N na Figura 4.5 mostra que o segundo nível de velocidade do fuso, o primeiro nível de líquido de refrigeração, o primeiro nível de velocidade de avanço e o segundo nível de raio do nariz dão o valor mais baixo de rugosidade da superfície.

Tabela 4.6 Tabela de resposta para a rugosidade da superfície (dados da relação S/N, inferior - superior)

Nível	Líquido de arrefecimento	SiC % de	Velocidade de alimentação	Raio do nariz
1	-7.111	-7.392	-6.834	-11.057
2	-10.627	-10.347	-10.905	-6.681
Delta	3.516	2.955	4.071	4.376
Classificação	3	4	2	1

Tabela 4.7 Tabela ANOVA agrupada para rugosidade da superfície (dados S/N)

Fonte	DF	Seq SS	SS WO	MS WO	F	P
Líquido de arrefecimento	1	24.722	24.722	24.722	13.63	0.034
SiC % de	1	17.463	17.463	17.463	9.63	0.053
Velocidade de alimentação	1	33.150	33.150	33.150	18.28	0.023
Raio do nariz	1	38.297	38.297	38.297	21.12	0.019
Erro residual	3	5.440	5.440	1.813		
Total	7	119.072				
S =1 , 347R- Sq = 95. 4%R- -q(adj) =89 .3%						

A análise de regressão foi efectuada no ambiente do Minitab 16 para garantir um ajuste quadrático mínimo à superfície de erro. A análise de regressão foi realizada para determinar a relação entre os factores de entrada e Ra. A análise de regressão assumiu que os factores e a resposta estavam linearmente relacionados. Foi desenvolvido um modelo geral de primeira ordem para prever Ra para o domínio experimental, que pode ser expresso como uma equação. [2]Em geral, a estatística R ajustada nem sempre aumenta quando são adicionadas variáveis ao modelo. [2]Quando são adicionados termos desnecessários, o valor de R ajustado diminui frequentemente. [22]Se R e R ajustado diferirem significativamente, há uma boa hipótese de não terem sido adicionados termos significativos ao modelo. [2]Nesta experiência, o valor de R indica que os preditores explicam 95,4% da variação nas respostas. [2]O valor ajustado de R para o número de preditores no modelo, 89,3%, indica que os dados estão bem ajustados.

Líquido de arrefecimento

Com R = 1,86883 + 0,281823*SiC % + 12,6297*taxa de alimentação

$$-4,21367*\text{Raio do nariz} \tag{14}$$

Sem R = 2,9318 + 0,281823*SiC % + 12,6297*taxa de alimentação

$$-4,21367*\text{Radiómetro de nariz}$$

8052.82 Análise de chips

Dependendo da composição do material compósito e das condições de maquinagem, são produzidos diferentes tipos de aparas, tais como flocos finos, aparas aciculares, aparas segmentadas, aparas contínuas, aparas de mola e aparas em espiral. A Tabela 4.8 mostra as condições experimentais com os valores observados. Após cada operação, as aparas são recolhidas. Verifica-se então que o efeito da alteração da velocidade do fuso e do avanço domina a forma física das aparas produzidas. As velocidades mais baixas do mandril produzem limalhas em forma de C ou de mola. As aparas mais espessas em forma de C são produzidas a baixas velocidades de corte e altos avanços com um raio de ferramenta de 0,4 (ver tabela). O comprimento e a espessura do segmento da limalha diminuem à medida que a velocidade de avanço é reduzida (0,1) e produzem limalhas segmentadas onduladas ou escamosas. Um avanço elevado e uma velocidade de corte baixa com um raio de ponta da ferramenta de 0,8 produzem limalhas segmentadas pequenas e finas. O tamanho do segmento também diminui com a diminuição da taxa de avanço. Também se observou que, em condições secas, a espessura da apara é maior e, com refrigeração, a espessura do tamanho da apara é menor.

Quando maquinado a velocidades de corte mais baixas, o material compósito comporta-se de forma frágil, com pouca influência da temperatura ou da taxa de alongamento. Além disso, a velocidades de fuso mais baixas, o deslocamento das partículas de reforço é menor, o que cria cavidades por deslocamento ou fragmentação das partículas de reforço, de modo que a falha frágil é mais aparente e são formadas aparas segmentadas. Estas limalhas tornam-se muito pequenas, onduladas, segmentadas e de raio mais pequeno, do tipo C, à medida que a taxa de alimentação diminui e a velocidade do fuso diminui.

Um aumento adicional na velocidade do fuso para 2500 rpm produz limalhas tubulares helicoidais e limalhas C grandes a taxas de alimentação mais elevadas (0,2 mm/rev). No entanto, uma redução na taxa de alimentação (0,1 mm/rev) a uma velocidade do fuso de 2500 rpm produz limalhas contínuas e semi-contínuas. Esta tendência é mais acentuada para as fibras de reforço mais finas. No entanto, para os compósitos mais grosseiros, o comprimento e o número de engastes das aparas são inferiores aos dos compósitos mais finos, nas mesmas condições de maquinagem. A alteração da forma da apara de uma forma parcial em C para uma forma de disco em C e apara em espiral quando a velocidade do fuso é aumentada (de 1500 rpm para 2500 rpm) deve-se ao aumento da ductilidade da peça de trabalho como resultado da temperatura de maquinagem mais elevada a uma velocidade de corte mais alta.

Tabela 4.8 Série ortogonal de Taguchi L16 com valores de Ra observados.

Versão nº.	Líquido de arrefecimento	SiC % de	Velocidade do fuso (rpm)	Velocidade de avanço (mm/rot)	Profundidade de corte (mm)	Raio do nariz (mm)	Ra $l^{(m)}$
1	Com	3	1500	0.1	0.75	0.4	1.71
2	Com	3	1500	0.1	0.75	0.8	1.85
3	Com	6	2500	0.2	1	0.4	4.55
4	Com	6	2500	0.2	1	0.8	2.43
5	Sem	3	1500	0.2	1	0.4	4.79
6	Sem	3	1500	0.2	1	0.8	2.68
7	Sem	6	2500	0.1	0.75	0.4	4.44
8	Sem	6	2500	0.1	0.75	0.8	2.33
9	Com	3	2500	0.1	1	0.4	1.59
10	Com	3	2500	0.1	1	0.8	0.64
11	Com	6	1500	0.2	0.75	0.4	4.67
12	Com	6	1500	0.2	0.75	0.8	2.56
13	Sem	3	2500	0.2	0.75	0.4	4.86
14	Sem	3	2500	0.2	0.75	0.8	2.75
15	Sem	6	1500	0.1	1	0.4	4.37
16	Sem	6	1500	0.1	1	0.8	2.26

Após a maquinação do material compósito, foram observadas as diferentes formas das aparas em função dos diferentes parâmetros de maquinação (ver Tabela 4.9).

Tabela 4.9 Diferentes tipos de limalha com diferentes parâmetros.

Sr. No	Input parameters						Images	Types
	Coolant	Si C %	Spindle speed (rpm)	Feed rate (mm/rev)	Depth of cut (mm)	Nose rad. (mm)		Chip Types
1	Without	3%	1500	0.2	1	0.4		Connected C-types thick Chips
2	Without	3%	1500	0.2	1	0.8		Small Circle Segmented Chip
3	Without	3%	2500	0.2	0.75	0.4		Curl C-type Thick Chip
4	Without	3%	2500	0.2	0.75	0.8		Thin radius c-type chip
5	Without	6%	2500	0.1	0.75	0.4		Connected c-types chips
6	Without	6%	2500	0.1	0.75	0.8		Segmented chips
7	Without	6%	1500	0.1	1	0.4		Small thick c-type chips

8	Without	6%	1500	0.1	1	0.8	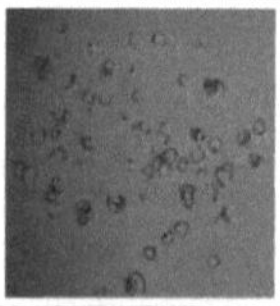	Segmented chips
9	-with	3%	1500	0.1	0.75	0.4	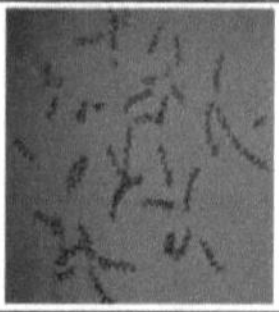	Spring curl type chips
10	With	3%	1500	0.1	0.75	0.8	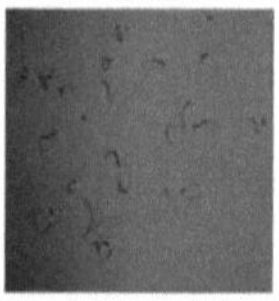	Thin Segmented chips
11	With	3%	2500	0.1	1	0.4	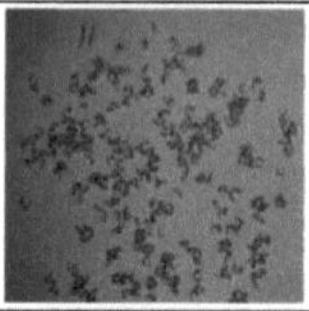	Segmented Chips
12	With	3%	2500	0.1	1	0.8	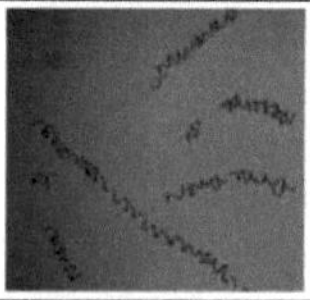	Tubular Helix Chips
13	With	6%	2500	0.2	1	0.4	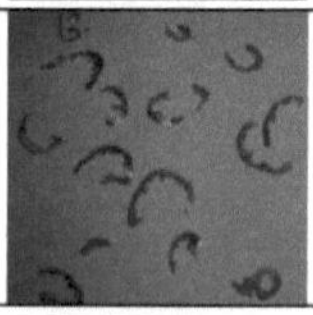	Larger c-type chips
14	With	6%	2500	0.2	1	0.8	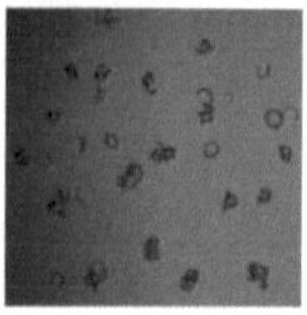	Small Segmented Chip

| 15 | With | 6% | 1500 | 0.2 | 0.75 | 0.4 | | c-type
thick chip |
| 16 | With | 6% | 1500 | 0.2 | 0.75 | 0.8 | | Segmented
Chip |

Além disso, a partir dos valores de rugosidade da superfície, verificámos se as aparas são favoráveis ou desfavoráveis, se as aparas desfavoráveis têm um valor de rugosidade da superfície mais elevado ou se as aparas favoráveis têm um valor de rugosidade da superfície mais baixo, como se pode ver na Tabela 4.10.

Tabela 4.10 Influência da rugosidade da superfície na formação de aparas

Versão nº.	Condições das pastilhas	Velocidade do fuso (rPm)	Velocidade de alimentação (mm/rot)	Ra (gm)
1	Fichas baratas	1500	0.1	1.71
2	Fichas baratas	1500	0.1	1.85
3	Ficha desfavorável	2500	0.2	4.55
4	Fichas baratas	2500	0.2	2.43
5	Ficha desfavorável	1500	0.2	4.79
6	Fichas baratas	1500	0.2	2.68
7	Ficha desfavorável	2500	0.1	4.44
8	Fichas baratas	2500	0.1	2.33
9	Fichas baratas	2500	0.1	1.59
10	Fichas baratas	2500	0.1	0.64
11	Ficha desfavorável	1500	0.2	4.67
12	Fichas baratas	1500	0.2	2.56
13	Ficha desfavorável	2500	0.2	4.86
14	Fichas baratas	2500	0.2	2.75
15	Ficha desfavorável	1500	0.1	4.37
16	Fichas baratas	1500	0.1	2.26

8052.83 Experiência de confirmação

Para validar os resultados obtidos, foram realizados cinco ensaios de confirmação para cada uma das caraterísticas da reação (MRR e Ra) com valores óptimos das variáveis do processo. Os valores médios das caraterísticas foram calculados e comparados com os valores previstos.

Os resultados são apresentados na Tabela 4.11. Os valores de MRR e Ra obtidos nos testes de confirmação estão dentro do limite de 10%.

Quadro 4.11 Resultados da experiência de validação

Respostas	Conjunto ótimo de parâmetros	Valor estimado	Valor real	Erro percentual
[3]Capacidade de remoção (mm /min)	Com líquido de arrefecimento, 6% SiC, 2500 rpm, 0,2 mm/rot, 1,0 mm, 0,4 mm	10589.311	10687.411	0.92
Rugosidade da superfície h[(m)]	Com líquido de arrefecimento, 3% SiC, 2500 rpm, 0,1 mm/rot, 1,0 mm, 0,8 mm	0.6063	0.6563	7.61

CAPITULO 5

OTIMIZAÇÃO

5.1 Otimização individual da remoção de material

O modelo matemático desenvolvido a partir do método de regressão foi utilizado para maximizar a remoção de material no torneamento de MMCs à base de Al-6061. O algoritmo genético é frequentemente utilizado para problemas de minimização. Por isso, o modelo matemático desenvolvido foi primeiro convertido num problema de minimização e depois numa função MATLAB. Esta função foi introduzida na caixa de ferramentas GA do MATLAB como uma função-alvo. Os limites superior e inferior foram definidos de acordo com os níveis dos parâmetros de tratamento e o número de variáveis foi fixado em 4. O tipo de população foi definido como vetor duplo, o tamanho da população como 100 e a geração como 300, tal como definido para a análise. Para a análise, foi utilizada uma função de geração dependente de restrições e uma função de cruzamento do tipo dispersão. Foram efectuadas várias execuções do algoritmo com diferentes parâmetros das opções disponíveis na caixa de ferramentas do AG, a fim de aperfeiçoar o valor máximo de resposta. A melhor resposta é apresentada na Figura 5.1. [3]O melhor valor obtido pelo AG para a taxa de remoção de material foi de 10510,7 mm /min com uma velocidade do fuso de 2499,57 rpm, uma taxa de avanço de 0,199 mm/rev, uma profundidade de corte de 0,997 mm e um raio de ponta de 0,403 mm.

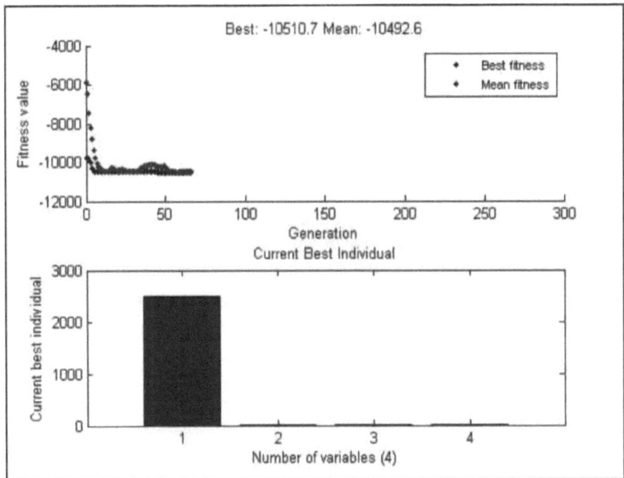

Figura 5.1 Caixa de ferramentas GA para refinar o valor máximo de resposta.

5.2 Otimização individual da rugosidade da superfície

O modelo matemático desenvolvido a partir do método de regressão foi utilizado para minimizar a rugosidade da superfície durante o torneamento de MMCs à base de Al-6061. O modelo matemático desenvolvido foi convertido numa função MATLAB. Esta função foi introduzida na caixa de ferramentas GA do MATLAB como uma função de objetivo. Os limites superior e inferior foram definidos de acordo com o nível dos parâmetros de processamento, e o número de variáveis foi fixado em 3. Além disso, três parâmetros importantes têm influência no SR. Estes são o SiC%, a taxa de alimentação e o raio da ponta. O tipo de população foi definido como um vetor duplo, o tamanho da população foi fixado em 100 e foi utilizada uma geração de 300 para a análise. Uma função de geração dependente de restrições e uma função de cruzamento do tipo dispersão foram utilizadas para a análise. Foram efectuadas várias execuções do algoritmo com diferentes definições das opções disponíveis na caixa de ferramentas do AG, a fim de aperfeiçoar o valor mínimo de resposta. A melhor resposta é apresentada na Figura 5.2. O melhor valor de rugosidade superficial obtido com o GA foi de 0,606474 µr para um Sic de 3%, uma taxa de avanço de 0,1 mm/rev e um raio de bico de 0,8 mm.

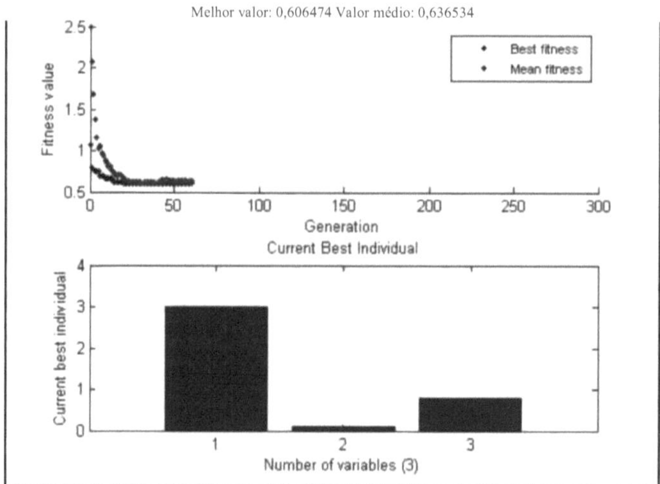

Figura 5.2 Caixa de ferramentas do AG para refinar o valor mínimo de resposta

5.3 Experiência de confirmação

O modelo foi validado experimentalmente e os resultados resumidos numa tabela. Verificou-se uma boa concordância entre os resultados previstos e os resultados efectivos. Após a otimização, foram realizadas novas experiências para testar a precisão do modelo desenvolvido. Desta vez, os valores optimizados dos parâmetros de corte correspondentes às melhores respostas (do GA) foram selecionados para experiências. Os valores MRR e Ra resultantes (experimentais) foram comparados com os valores previstos pelo GA e foi calculada a percentagem de erro.

Quadro 5.1 Resultados das experiências de validação baseadas na otimização de um único alvo

Respostas	Valores óptimos	Previsões	Atual	%Erro
MRR (mm3/min)	2499,57 rpm, 0,199 mm/rev, 0,997 mm, 0,403 mm	10510.7	11510.87	8.68

Ra (µim)	3%, 0,1 mm/volta, 0,8 mm.	0.606	0.671	9.68

5.4 Otimização multi-objetivo

Ao contrário da otimização de objetivo único, que produz uma única solução óptima, a otimização multiobjectivo produz uma série de soluções óptimas, conhecidas como soluções óptimas de Pareto. Dependendo dos requisitos e do ambiente do problema, são tomados os valores de entrada correspondentes para que os factores obtenham uma solução adequada. Os problemas do mundo real exigem a otimização simultânea de vários objectivos incomensuráveis e muitas vezes contraditórios. Muitas vezes, não existe uma única solução óptima, mas uma série de soluções alternativas. Estas soluções são óptimas no sentido lato de que nenhuma outra solução no espaço de pesquisa é superior a outra quando todos os objectivos são tidos em conta. São as chamadas soluções óptimas de Pareto. A imagem do conjunto eficiente no espaço-alvo é designada por conjunto não dominado. Na otimização multiobjectivo, existem dois objectivos: (i) convergir para o conjunto ótimo-pareto e (ii) manter a diversidade e a distribuição das soluções. O Algoritmo Genético de Ordenação Não-Dominada II (NSGA II) é um algoritmo genético multi-objetivo baseado no conceito de ordenação não-dominada. O algoritmo NSGA II utiliza tanto a ordenação não dominada como o crowding para obter a quantidade não dominada necessária. Este algoritmo pode ser utilizado para problemas de otimização limitada com codificação binária e parâmetros reais. As equações empíricas entre as respostas e os parâmetros de entrada, obtidas pelo método de regressão, são utilizadas para a otimização multicritério no ambiente MATLAB. Assume-se um tamanho de população inicial de 100 e a otimização é realizada por cruzamento simples e mutação bit a bit.

Após o algoritmo, as soluções são classificadas e ordenadas, e a configuração Pareto-óptima final é apresentada na Tabela 5.2 e na Figura 5.3. Deve notar-se que todas as soluções são igualmente boas, e qualquer conjunto de parâmetros de entrada pode ser utilizado para obter os valores de resposta adequados de acordo com os requisitos do fabricante.

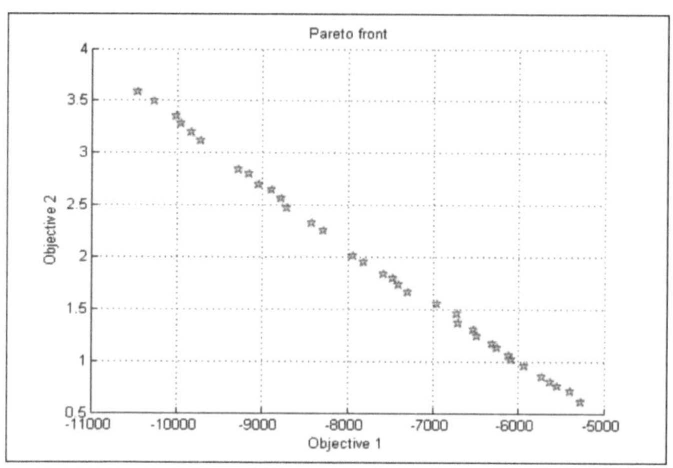

Figure 5.3 Pareto optimal fronts

Quadro 5.2 Solução Pareto-óptima

Sr. não.	Parâmetros de tratamento					Parâmetro de resposta	
	Velocidade do fuso (rpm)	Velocidade de avanço (mm/rot)	Profundidade de corte (mm)	Raio do nariz (mm)	Sic %	[3]MRR (mm /min)	SR g[(m)]
1	2422.65	0.1002	0.9930	0.7999	3.0115	-5266.64	0.6123
2	2444.49	0.1979	0.9981	0.6569	3.0953	-8713.77	2.4727
3	2441.76	0.1952	0.9918	0.4408	3.1073	-10009.8	3.35260
4	2437.52	0.1282	0.9932	0.7528	3.0343	-6304.49	1.1714
5	2426.02	0.1803	0.9938	0.7773	3.0612	-7411.46	1.73342
6	2445.91	0.1999	0.9999	0.4008	3.1074	-10465.1	3.5815
7	2429.84	0.1281	0.9964	0.7884	3.027	-6077.16	1.0185
8	2438.23	0.1205	0.9961	0.6653	3.094	-6712.6	1.4595
9	2426.10	0.1475	0.9923	0.7211	3.039	-6957.33	1.5500
10	2429.96	0.1753	0.9941	0.7776	3.042	-7298.21	1.6643
11	2427.06	0.1250	0.9931	0.7937	3.03	-5932.66	0.9581
12	2429.09	0.1149	0.9931	0.7881	3.011	-5723.88	0.8484
13	2428.60	0.1039	0.9964	0.7771	3.032	-5548.97	0.7614
14	2439.72	0.1647	0.9978	0.7178	3.074	-7479.07	1.7908
15	2441.85	0.1891	0.9954	0.5531	3.077	-9152.27	2.7950
16	2432.32	0.1914	0.9950	0.6680	3.042	-8429.27	2.3298
17	2445.31	0.1972	0.9981	0.4838	3.094	-9834.68	3.1927
18	2435.58	0.1356	0.9926	0.7878	3.063	-6248.29	1.1258
19	2429.84	0.1311	0.9925	0.7891	3.039	-6115.38	1.0561
20	2445.44	0.19683	0.9995	0.5004	3.098	-9727.31	3.1192
21	2441.25	0.1894	0.9980	0.7411	3.085	-7942.99	2.0082
22	2437.44	0.1810	0.9979	0.6561	3.067	-8284.62	2.2554
23	2435.48	0.1716	0.9973	0.7257	3.039	-7584.86	1.8350
24	2442.35	0.1886	0.9968	0.6091	3.0944	-8783.83	2.5571
25	2428.64	0.1114	0.9931	0.7899	3.0133	-5624.14	0.7970

26	2427.80	0.1472	0.9940	0.7937	3.039	-6489.54	1.24071
27	2435.65	0.1533	0.9936	0.7858	3.072	-6707.02	1.3597
28	2444.35	0.1961	0.9979	0.5630	3.0839	-9285.71	2.8432
29	2444.52	0.1982	0.9978	0.4678	3.106	-9962.42	3.2773
30	2440.81	0.1842	0.9976	0.5749	3.097	-8901.37	2.6462
31	2440.62	0.1854	0.9980	0.7440	3.087	-7821.46	1.9452
32	2429.86	0.1499	0.9860	0.7888	3.051	-6530.17	1.2989
33	2429.01	0.1071	0.9836	0.7978	3.0302	-5389.61	0.7140
34	2443.93	0.1947	0.9990	0.5946	3.0911	-9050.75	2.694
35	2442.41	0.1993	0.9952	0.4194	3.0925	-10280.6	3.490

Foram selecionados aleatoriamente cinco ensaios da tabela de soluções óptimas de Pareto para verificar a previsão das respostas (MRR e Ra). As experiências de validação mostraram uma boa concordância com os valores de resposta previstos, com um erro inferior a 10%.

Quadro 5.3 Resultados das experiências de validação baseadas na otimização multiobjectivo

Valores óptimos	Previsões		Atual		%Erro	
					MRR	Ra
	^{3}MRR (mm /min)	Ra (gm)	^{3}MRR (mm /min)	Ra (gm)		
2442.41, 0.1993, 0.9952, 0.4194, 3.0925	10280.6	3.491	10890.576	3.691	5.6	5.41
2422.65, 0.1002, 0.9930, 0.7999, 3.0115	5266.64	0.612	5766.540	0.656	8.66	6.7
2440.62, 0.1854, 0.9980, 0.7440, 3.087	7821.46	1.945	7628.645	2.046	2.52	4.93
2442.35, 0.1886, 0.9968, 0.6091, 3.0944	8783.83	2.557	8984.561	2.678	2.23	4.51
2439.72, 0.1647, 0.9978, 0.7178, 3.074	7479.07	1.791	7659.09	1.986	2.35	9.1

CAPÍTULO 6

CONCLUSÃO E ÂMBITO DOS TRABALHOS FUTUROS

6.1 Resumo

No presente trabalho, foi efectuada uma análise paramétrica do processo de torneamento com base nos resultados experimentais. Foram também investigados os efeitos dos parâmetros de entrada do processo de torneamento - velocidade do fuso, taxa de avanço, profundidade de corte e raio de ponta - nos parâmetros de saída da maquinagem de compósitos de matriz metálica à base de Al-6061, utilizando ferramentas de metal duro revestidas e líquidos de refrigeração disponíveis no mercado. Foram efectuadas experiências com base no método de Taguchi e nos métodos de regressão para desenvolver modelos empíricos do processo. Foram efectuados testes de confirmação para verificar a validade dos modelos desenvolvidos. Foram efectuadas optimizações mono-objetivo e multi-objetivo destes modelos desenvolvidos com algoritmos genéticos utilizando a caixa de ferramentas GA do MATLAB. Mais uma vez, foram efectuadas experiências de confirmação para validar os resultados do algoritmo genético. Com base nos resultados experimentais, são tiradas as seguintes conclusões.

i. O processo de torneamento foi modelado com sucesso em termos de MRR e Ra, combinando uma técnica de conceção de experiências com uma técnica de regressão múltipla.

ii. Os valores experimentais de MRR e Ra podem ser previstos de forma satisfatória a partir dos gráficos experimentais da relação sinal/ruído. Os resultados mostram que o método de Taguchi é uma ferramenta poderosa para fornecer gráficos experimentais e modelos estatísticos e matemáticos de modo a realizar experiências de forma eficiente e económica.

iii. A série de testes baseados no método Taguchi e na ANOVA mostrou que a velocidade do fuso, a taxa de avanço, a profundidade de corte e o raio da ponta são os parâmetros mais importantes que influenciam o MRR. O MRR aumentou linearmente com a velocidade do fuso, a taxa de avanço e a profundidade de corte. [2]Os modelos matemáticos de regressão múltipla desenvolvidos têm um valor R de 83,70%. As experiências de confirmação revelaram um erro percentual médio de 4,96%, sublinhando o desempenho satisfatório do modelo de previsão. [3]O melhor valor de resposta para o volume de remoção de material obtido por otimização GA com uma única lente foi de 10510,97 mm /min com um fuso

velocidade de rotação de 2499,95 rpm, velocidade de avanço de 0,199 mm/rev, profundidade de corte de 0,997 mm e raio de ponta de 0,403 mm. A comparação dos resultados experimentais e previstos em condições óptimas revelou um erro de 3,35%. Isto prova a fiabilidade dos algoritmos genéticos como um dos métodos de otimização mais precisos.

iv. Com base no método de Taguchi e nos resultados da ANOVA, foi estabelecido que a velocidade de avanço e a profundidade de corte são os principais parâmetros que influenciam a rugosidade da superfície. O valor Ra diminui linearmente com a velocidade de avanço e a profundidade de corte. [2]Os modelos matemáticos de regressão múltipla desenvolvidos têm um valor R de 94,66%. As experiências de confirmação revelaram uma percentagem de erro média de 3%, o que sublinha o desempenho satisfatório do modelo de previsão. O melhor valor de resposta para a rugosidade da superfície, obtido por otimização GA com um objetivo, foi de 0,243 μт para uma velocidade do fuso de 864 rpm, uma taxa de avanço de 0,0509 mm/rev e uma profundidade de corte de 0,464 mm. A comparação dos resultados experimentais e previstos em condições óptimas revelou um erro de 5,35%. Isto prova a fiabilidade dos algoritmos genéticos como um dos métodos de otimização mais precisos.

v. [3]Com base na otimização multi-objetivo utilizando a análise de Pareto NSGA II, a melhor taxa de remoção de material de 6054,12 mm /min e o melhor valor de rugosidade superficial de 0,21μт foram obtidos. Para MRR, as experiências de confirmação deram um erro percentual máximo de 5,56% e um erro percentual médio de 4,29%, destacando o desempenho satisfatório do modelo de previsão. Para Ra, as experiências de confirmação deram um erro percentual máximo de 6,89% e um erro percentual médio de 4,84%, sublinhando o desempenho satisfatório do modelo de previsão. Isto prova a fiabilidade dos algoritmos genéticos como um dos métodos de otimização mais precisos.

6.2 Benefícios do estudo

O material compósito de matriz metálica não nobre Al-6061 é um material importante de valor inestimável para a indústria aeroespacial, a indústria automóvel e outras. As indústrias transformadoras em causa necessitam de sistemas sistemáticos e rápidos para ajustar os parâmetros. Os modelos desenvolvidos permitirão aos fabricantes satisfazer os mais recentes requisitos para melhorar a qualidade da superfície.

Esta conclusão pode ser muito útil para a produção em série. É possível definir valores óptimos para os parâmetros do processo de torneamento, a fim de reduzir o tempo de fabrico sem comprometer a qualidade da superfície.

6.3 Limites do estudo

Este estudo investigou os efeitos dos parâmetros de entrada do processo de torneamento - velocidade do fuso, taxa de avanço, profundidade de corte e raio de ponta - nos parâmetros de saída da maquinagem de MMC à base de Al-6061, utilizando pontas de metal duro revestidas e líquidos de refrigeração disponíveis no mercado. Para a modelação, foi utilizada a abordagem de Taguchi em combinação com regressões múltiplas. A otimização de um objetivo e de vários objectivos foi realizada utilizando um algoritmo genético.

6.4 Espaço de manobra para outras obras

Embora o processo de torneamento de MMCs à base de Al-6061 tenha sido estudado em profundidade, ainda há muito espaço para mais investigação. As sugestões que se seguem podem revelar-se úteis para trabalhos futuros:

i.   Os efeitos dos parâmetros de maquinação sobre as forças de corte, a aresta de corte, os diferentes tipos de formação de aparas, a vibração e a vibração deviam ser estudados.

ii. Devem ser feitos esforços para estudar o impacto dos parâmetros do processo de torneamento na medição do desempenho num ambiente de corte seco, minimamente lubrificado, criogénico e assistido por ar de alta pressão.

iii. O efeito dos parâmetros do processo, como a geometria da ferramenta e o material, etc., também pode ser estudado.

iv. Os algoritmos evolutivos, como a técnica de otimização por colónias de formigas e a técnica de otimização por enxame de partículas, podem ser utilizados como técnicas de otimização multiobjectivo. Podem ser utilizadas outras variantes do algoritmo genético.

REFERÊNCIAS

[1] **Suresh** P.V.S, **Rao** P.V, and **Deshmukh** S.G. ; A genetic algorithmic approach for optimization of surface roughness prediction model. *International Journal of Machine, Tool & Manufacturing*, **42(1)**, p. 675-680, 2002.

[3] **Kumar** S., **Gupta** M., **Satsangi** P.S. e **Sardana** H.K.; Modelação e análise da rugosidade da superfície e da taxa de remoção de material na maquinagem de UD-GFRP utilizando uma ferramenta PCD. *Int. J. Engg. Sci and Techno*, **2(8)**, p. 248-270, 2011.

[4] **Kaladhar** M., **Subbaiah** K. V., **Rao** C. S. e **Rao** K. N.; Aplicação da abordagem de Taguchi e do conceito de utilidade na resolução de problemas multi-objetivo durante o torneamento do aço inoxidável austenítico AISI 202. *Journal of. Engg. Sci. and Techno. Review* **4(1)**, p. 55-61, 2011.

[5] **A.** Mustafa e **K.** Tanju; Investigação da maquinabilidade do Al 7075 com ferramentas de corte com revestimento DLC. *Sci. Res. and Ess*, **6(1)**, p. 44-51, 2011.

[6] **Aruna** M. e **Dhanalaksmi** V.; Otimização de projeto de parâmetros de corte ao girar Inconel 718 com inserções Cermet. *World Acad. Sci, Engg. e Techno.* **61**, pp. 952-955, 2012.

[7] **Kaladhar** M., **Subbaiah** K. V., **Rao** C. S. e **Rao** K. N.; Determinação dos parâmetros óptimos do processo durante o torneamento de aços inoxidáveis austeníticos AISI 304 utilizando o método de Taguchi e ANOVA. *Int. of J. Lean Thinking*, **3(1)**, pp.1-19, 2012.

[8] SahaA. e **Mandal** N.K.; otimização dos parâmetros de maquinagem de Disparo com base em vários critérios de desempenho. *Int. J. Ind. Engg. Comp.* **4**, pp.51-60, 2013.

[9] **Manoj** S. D., **Deepak** Dwivedi1, **Lakhvir** Singh, **Vikas** Chawla; Estudo para o desenvolvimento de material compósito de matriz metálica à base de alumínio e partículas de carboneto de silício.**8(6)**, pp. 455-467, 2009.

[10] **R.** A. Mahdvinejad, **Sharifi Bidgoli** H.; Otimização dos parâmetros de rugosidade da superfície no torneamento a seco, Journal of Achievements in Materials and manufacturing Engineering. **37(2)**, dezembro de 2009.

[11] **Sharma** Neeraj, **Sharma** Renu; Otimização de parâmetros de processo de peças rotativas: uma abordagem Taguchi, Journal of Engineering. *Computadores e Ciências Aplicadas*, **1(1)**, outubro de 2012

[12] **Said** M. S., **Ghani** J. A., **Hassan** C. H., **Wan** N. N., **Othman** R., **Selamat.** M.A.; 12Formação de cavacos na usinagem de compósito metálico de matriz Al-SiC/AlN (MMC) usando a ferramenta de carboneto não revestida. *Revista Internacional de Invenção da Ciência da Engenharia*, **2 (11)**, 60-63, 2013.

[13] **N.** Radhika, **R.** Subramanian, **A.** Sajith; Análise da formação de cavacos na usinagem de compósitos híbridos de alumínio. *E3 Journal of Scientific Research*, **2(1)**, 9-15, 2014.

[14] **Shetty** R., **Keni** L., **Pai** R., **Kamath** V.; Estudo experimental e analítico do mecanismo de formação de aparas na maquinagem DRAC. *ARPN Journal of Engineering and Applied Sciences, 3(5),* 27-32, 2008.

[15] **Astakhav** V.P., **Shvets** S.V., **Osman** M.O.M.; Classificação da estrutura da pastilha com base na mecânica da sua formação. *Journal of Materials Processing Technology*, **71**, 247-257, 1997.

[16] **Mahnama** M., **Movahhedy** M.R.; Aplicação da simulação FEM de formação de cavacos para análise de estabilidade no processo de corte ortogonal. *Journal of Manufacturing Processes*, **14**, 188-194, 2012.

[17] **DirikoluM**.H., T.H.C. Childs, MaekawaK. ; Simulação por elementos finitos da formação de aparas na maquinagem de metais. *Jornal Internacional de Ciências Mecânicas*, **43** 2699-2713, 2001.

[18] **Zeelan Basha** N., MaheshG., **Muthuprakash** N.; Otimização dos parâmetros do processo de torneamento em alumínio 6061 usando algoritmos genéticos. *Revista internacional de ciência e engenharia moderna*, **1 (9)**, 43-46, agosto de 2013.

I want morebooks!

Buy your books fast and straightforward online - at one of world's fastest growing online book stores! Environmentally sound due to Print-on-Demand technologies.

Buy your books online at
www.morebooks.shop

Compre os seus livros mais rápido e diretamente na internet, em uma das livrarias on-line com o maior crescimento no mundo! Produção que protege o meio ambiente através das tecnologias de impressão sob demanda.

Compre os seus livros on-line em
www.morebooks.shop

info@omniscriptum.com
www.omniscriptum.com

Printed by Books on Demand GmbH, Norderstedt / Germany